农机新技术培训教材

张红梅　康维嘉　主编

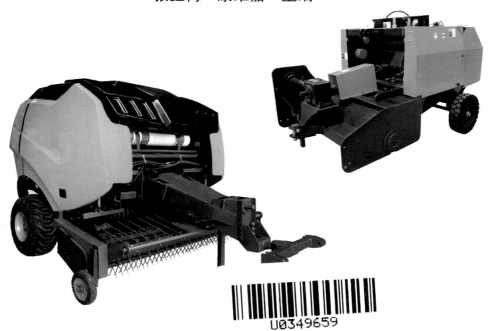

中国农业科学技术出版社

图书在版编目（CIP）数据

农机新技术培训教材 / 张红梅，康维嘉主编 . -- 北京：中国农业科学技术出版社，2022.5

ISBN 978-7-5116-5761-9

Ⅰ.①农… Ⅱ.①张… ②康… Ⅲ.①农业机械—技术培训—教材 Ⅳ.① S22

中国版本图书馆 CIP 数据核字（2022）第 079863 号

责任编辑　姚　欢
责任校对　李向荣
责任印制　姜义伟　王思文

出 版 者　中国农业科学技术出版社
　　　　　北京市中关村南大街 12 号　　邮编：100081
电　　话　（010）82106631（编辑室）　（010）82109704（发行部）
　　　　　（010）82109702（读者服务部）
网　　址　http://www.CASTP.cn
经 销 者　各地新华书店
印 刷 者　北京科信印刷有限公司
开　　本　148 mm×210 mm　1/32
印　　张　6.25
字　　数　160 千字
版　　次　2022 年 5 月第 1 版　2022 年 5 月第 1 次印刷
定　　价　28.00 元

《农机新技术培训教材》

编 委 会

前　言

为了确保我国粮食安全，增加粮食产量，减少机收损失，减少机械作业环节，提高生产效率，我们编写了本书。

本书第一章介绍了玉米大豆带状复合种植技术，是 2022 年农业农村部重点推广的利用作物边行优势来提高作物产量的新型种植模式；第二章至第四章介绍了小麦、玉米、大豆机械化收获减损技术，是近两年为了减少粮食损失、保证粮食丰产丰收、颗粒归仓而推广的农机技术；第五章介绍了保护性耕作技术，是近年来全国重点推广的新型农业耕作模式，达到了节本增效、保护生态环境的效果；最后附录还介绍了农机常用知识学习题库。本书贴合实际，结构清晰，内容明确，图文并茂，通俗易懂。文中配有彩色图片，对机械的结构一目了然，克服了普通农业机械类书籍中黑白图片模糊不清的缺点。

本书可作为基层农机技术人员、农机操作人员、农机推广人员、管理人员及普通农民的培训教材和参考用书。

由于编者水平有限，时间仓促，书中难免存在不足之处，恳请广大读者批评指正。

编　者

2022 年 3 月

目　录

第一章
玉米大豆带状复合种植技术

玉米大豆带状复合种植技术采用玉米带与大豆带间作套种，充分利用高位作物玉米边行优势，扩大低位作物大豆空间，实现高低两种作物协同共生、一季双收、年际间交替轮作，发挥玉米大豆带状复合种植技术的增产增收优势。

一、品种选择

玉米选用株型紧凑、适宜密植和机械化收获的高产品种，西南地区可选用仲玉 3 号、正红 6 号、川单 99 等，黄淮海地区可选用农大 372、豫单 9953、纪元 128、登海 939 等，西北地区可选用迪卡 159、丰垦 139 等。

大豆选用耐阴抗倒、宜机收高产品种，西南地区可选用南豆 25、贡秋豆 5 号、滇豆 7 号等，黄淮海地区可选用齐黄 34、石豆 936、石豆 885、郑豆 0689 等，西北地区可选用中黄 30 等。

二、适期播种

播种前如果土壤含水量低于 60%，则需要进行灌溉，有条件的地方可采用浸灌、浇灌等方式造墒播种，也可播后喷灌。

西南地区先播玉米，播种时间为 3 月下旬至 4 月上旬；后播大豆，播种时间为 6 月上中旬。

黄淮海地区玉米、大豆可同时播种，播种时间为 6 月 15 ～ 25 日；播种时注意小麦收获后的水分管理，墒情较好地块（土壤含水量 60% ～ 65%）可抢墒播种；土壤较干旱或较湿润时，根据天气预报等墒播种（不超过 6 月 25 日）或结合滴灌装置实施播种；土壤极度干旱时，需造墒播种，先漫灌表层土壤，再晾晒至适宜墒情（以 3 ～ 5 天为宜）后播种。

西北地区玉米、大豆可于 5 月上旬及时播种；有滴灌条件的地块，播种时浅埋滴灌装置；水源不便地块，播种前（4 月中旬）引用黄河水浇灌好，待墒情适宜时（土壤含水量 60% ～ 65%）播种。

三、农机配套原则

玉米大豆带状复合种植技术是一项新技术，目前缺乏成熟配套的播种与收获机械装备，为便于全程机械化实施落地，在机具选配时，应充分考虑目前各地实际农业生产条件和机械化技术现状，优先选用现有机具，通过适当改装以适应复合种植模式行距和株距要求，提高机具利用率。可配套一定项目资金，实行农机购置叠加补贴，推广玉米大豆复合播种机。有条件的可配置北斗导航辅助驾驶系统，减轻机手劳动强度，提高作业精准度和衔接行距均匀性，安装监测终端实现各项数据的智能化监测。

四、播种机具应用

根据土壤肥力适当缩小玉米、大豆株距，达到净作的种植密度，一块地当成两块地种植，保证播种密度。播种作业前，应考虑玉米、大豆生育期，确定播种、收获作业先后顺序，并对播种作业路径详细规划，妥善解决机具调头转弯问题。大面积作业前，应进行试播，及时查验播种作业质量、调整机具参数，播种深度和镇压强度，应根据土壤墒情变化适时调整。作业时，应注意适当降低作业速度，提高小穴距条件下播种作业质量。

（一）3+2 和 4+2 模式

3+2 模式是指 3 行大豆加 2 行玉米模式，本章以下内容除特别注明外均如此表述，前面数字表示大豆行数，后面数字表示玉米行数。

分步播种：该模式玉米带和大豆带宽度较窄，大豆玉米分步播种时，应注意选择适宜的配套动力轮距，避免后播作物播种时碾压已播种苗带，影响出苗。玉米后播种时，动力机械后驱动轮的外沿间距应小于 1 600 mm。大豆后播种时，3+2 模式动力机械后驱动轮的外沿间距应小于 1 800 mm；4+2 模式后驱动轮的外沿间距应小于 2 100 mm，驱动轮外沿与已播作物播种带的距离应大于 100 mm。

同步播种：大豆玉米同时播种，可购置 1+X+1 型（N 行大豆居中，1 行玉米两侧）或 2+2+2 型（2 行玉米居中，2 行大豆两侧）大豆玉米一体化精量播种机，提高播种精度和作业效率。一体化播种机应满足株、行距、单位面积施肥量、播种精度、均匀性等方面要求。作业前，应对玉米、大豆播种量、播种深度和镇压强度分别调整；作业时，注意保持衔接行行距均匀一致，防止衔接行间距过宽或过窄。

1. 黄淮海地区

目前该地区玉米播种机主流机型为 3 行和 4 行，大豆播种机主流机型为 3 ～ 6 行，或兼用玉米播种机。前茬小麦收获后，可进行

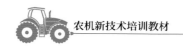

灭茬处理，提高播种质量，提升出苗整齐度。

玉米播种时，将播种机改装为 2 行，调整行距接近 400 mm，通过改变传动比调整株距至 100 mm，平均种植密度为 3 400 ～ 4 600 株 / 亩，并加大肥箱容量、增设排肥器和施肥管，增大单位面积施肥量。

大豆播种时，优先选用 3 行或 4 行大豆播种机，或兼用可调整至窄行距的玉米播种机，通过调整株距、行距来满足大豆播种的农艺要求，平均种植密度为 8 500 ～ 9 500 株 / 亩。

图 1-1　大豆玉米带状复合播种机

山东奥龙、山东大华、山东颐元已研发出大豆玉米带状复合播种机，一次进地可以同时播种大豆和玉米，减少机具进地次数，提高作业效率。如图 1-1 所示的大豆玉米带状复合播种机，大豆播种 4 行，玉米播种 2 行，实现 4+2 模式。

2. 西北地区

该地区覆膜打孔播种机应用广泛，应注意适当降低作业速度，防止地膜撕扯。

玉米播种时，可选用 2 行覆膜打孔播种机，调整行距接近 400 mm，通过改变鸭嘴数量将株距调整至 100 mm 左右，平均种植密度为 4 500 ～ 5 000 株 / 亩，并增大单位面积施肥量。

大豆播种时，优先选用 3 行或 4 行大豆播种机，或兼用可调整至窄行距的玉米播种机，可采用一穴多粒的播种方式，平均种植密度为 11 000 ～ 12 000 株 / 亩。

3. 西南和长江中下游地区

该区域大豆玉米间套作应用面积较大，配套机具应用已经过多年试验验证。

玉米播种时，可选用 2 行播种机，调整行距接近 400 mm，株距调整至 120 ～ 150 mm，平均种植密度为 4 000 ～ 4 500 株 / 亩，并增大单位面积施肥量。

大豆播种采用 3+2 模式时，可在 2 行玉米播种机上增加一个播种单体；采用 4+2 模式时，可选用 4 行大豆播种机完成播种作业；株距调整至 90 ～ 100 mm，平均种植密度为 9 000 ～ 10 000 株 / 亩。

（二）4+3、4+4、6+4 和 6+3 模式

1. 黄淮海地区

玉米播种时，可选用 3 行或 4 行播种机，调整行距至 500 mm，通过改变传动比将边行株距调整至 120 mm，中间行株距调整至 150 mm，玉米平均种植密度为 3 400 ～ 4 400 株 / 亩。

大豆播种时，优先选用 4 行或 6 行大豆播种机，或兼用可调整至窄行距的玉米播种机，通过改变传动比和更换排种盘调整穴距至 100 mm，大豆平均种植密度为 7 600 ～ 8 800 株 / 亩。

2. 西北地区

玉米播种时，可选用 4 行覆膜打孔播种机，调整行距至 550 mm，通过改变鸭嘴数量将株距调整至 130 ～ 150 mm，玉米平均种植密度为 4 500 ～ 5 000 株 / 亩。

大豆播种时，优先选用 4 行或 6 行大豆播种机，或兼用可调整至窄行距的玉米播种机，株距调整至 130 ～ 150 mm，可采用一穴多粒播种方式，大豆平均种植密度为 9 000 ～ 10 000 株 / 亩。

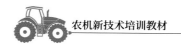

五、植保机具应用

病虫草害防治各地要根据播种时期、种植模式、杂草种类、病虫害发生动态等制订防治技术方案，因地制宜科学选用适宜的除草剂、农药品种和使用剂量，开展分类精准指导，加强调查监测，及时掌握病虫草害发生状况，做到早发现、早防治，实施全程综合防治，切实提高防治效果，降低病虫草危害损失。

1. 合理选用药剂及用量

按照机械化高效植保技术操作规程进行防治作业。

2. 选用播后苗前化学除草方式

杂草防控难度较大，应尽量采用播后苗前化学封闭除草方式，减轻苗后除草药害。播后苗前喷施除草剂应喷洒均匀，在地表形成药膜。

3. 苗后化学除草方式

苗后喷施除草剂时，可改装喷杆式喷雾机，设置双药箱和喷头区段控制系统，实现不同药液的分条带喷施，并在大豆带和玉米带间加装隔离板，防止药剂带间漂移，也可在此基础上更换防漂移喷头，提升隔离效果。

4. 喷施防治病虫害药剂

喷施病虫害防治药剂时，可根据病虫害的发生情况和区域，选择 2 种作物统一喷施或独立喷施。

5. 使用一体化喷杆喷雾机

玉米大豆也可购置使用"一喷施两防治"复合种植专用一体化喷杆喷雾机。

六、收获机具应用

根据作物品种、成熟度、籽粒含水率及气候等条件，确定 2 种作物收获时期及先后收获次序，并适期收获、减少损失。当玉米果穗苞叶干枯、籽粒乳线消失且基部黑层出现时，可开始玉米收获作业。当大豆叶片脱落、茎秆变黄，豆荚表现出本品种特有的颜色时，可开始大豆收获作业。

根据地块大小、种植行距、作业要求选择适宜的收获机，并根据作业条件调整各项作业参数。

玉米收获机应选择与玉米带行数和行距相匹配的割台配置，行距偏差不应超过 50 mm，否则将增加落穗损失。

大豆收获的联合收割机应选择与大豆带幅宽相匹配的割台割幅，推荐选配割幅匹配的大豆收获专用挠性割台，降低收获损失率。

大面积作业前，应进行试收，及时查验收获作业质量、调整机具参数。

1. 3+2 和 4+2 模式

如 2 种作物成熟期不同，应选择小两行自走式玉米收获机先收玉米，或选择窄幅履带式大豆收获机先收大豆，待后收作物成熟时，再用当地常规收获机完成后收作物收获作业。也可购置高地隙跨带玉米收获机，先收两带 4 行玉米，再收大豆。如大豆玉米同期成熟，可选用当地常用的 2 种收获机一前一后同步跟随收获作业。

2. 4+3、4+4、6+4 和 6+3 模式

目前，常用的玉米收获机、谷物联合收割机改装型大豆收获机均可匹配，可根据不同行数选择适宜的收获机分步作业或跟随同步作业。

第二章
小麦机械化收获减损技术

本章内容适用于使用全喂入谷物联合收割机进行小麦收获作业，见图 2-1。在一定区域内，小麦品种及种植模式应尽量规范一致，作物及田块条件适于机械化收获。农机手应提前检查调试好机具，确定适宜收割期，执行小麦机收作业质量标准和操作规程，努力减少收获环节损失。

一、作业前机具检查调试

小麦联合收割机作业前要做好充分的保养与调试，使机具达到最佳工作状态，以降低故障率，提高作业质量和效率。

图 2-1　全喂入谷物联合收割机

1.作业前机具的检查与保养

作业前，要依据产品使用说明书对联合收割机进行一次全面检查与保养，确保机具在整个收获期能正常工作。经重新安装、保养或修理后的小麦联合收割机要提前做好试运转，先局部后整体，认真检查行走、转向、收割、输送、脱粒、清选、卸粮等机构的运转、传动、操作、间隙等情况，检查有无异常响声和"三漏"情况，发现问题及时解决。

2.作业前的检查调整和准备

（1）清洁机具，特别是防尘网、散热器上和空气滤清器中的灰尘。

（2）检查发动机机油、冷却液、燃油和液压油是否充足，若不足应添加至符合要求，见图2-2、图2-3、图2-4、图2-5。

（3）检查轮胎气压是否正常，不足应充气至规定气压，见图2-6。

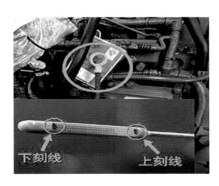

图2-2　发动机机油量在油标尺上下刻线之间

图2-3　冷却系统防冻液应适量

图 2-4 燃油充足

图 2-5 液压油量在推荐液位之间

图 2-6 检查轮胎气压

（4）检查各传动链、张紧轮是否松动或损伤，运动是否灵活可靠，见图 2-7。

图 2-7 检查链条传动装置及张紧度

（5）检查和调整各传动皮带的张紧度，防止作业时皮带打滑，见图2-8。

图2-8 检查皮带传动装置及张紧度

（6）检查重要部位螺栓、螺母有无松动；有无漏水、渗漏油现象，见图2-9；割台、机架等部件有无变形等。

图2-9 检查有无"三漏"情况

（7）检查行走离合器踏板自由行程是否适当；调节离合器行程在20～30 mm。如不适当应进行调整，见图2-10。检查各类离合器是否分离彻底，结合平稳可靠，见图2-11。

图 2-10 检查离合器踏板自由行程

进行各作业机构的试运转

进行行走系统、转向系统的试运转

图 2-11 检查联合收割机主离合器和行驶功能

（8）检查各操纵装置功能是否正常，见图 2-12，如不正常应进行调整。

（9）检查调整制动总泵上的制动杆，见图 2-13；使制动踏板的自由行程在 10 ～ 15 mm，见图 2-14。

（10）检查仪表板各指示是否正常，见图 2-15。

检查主离合器结合、分离

检查卸粮筒展开、收回

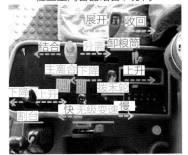

驾驶室内各操纵装置

检查拨禾轮升降

检查割台升降

检查无级变速快、慢

图 2-12　检查联合收割机的操纵装置

图 2-13　检查调整制动总泵上
制动杆长度

图 2-14　检查制动踏板自由行程

图 2-15　检查仪表板各指示

（11）检查调整间隙和对中，见图 2-16。

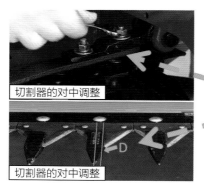

调整参考：
动刀片处于两端极限位置时，动刀片中心线与护刃器中心线应重合，其偏差 D 不大于 5 mm。

图 2-16　切割器对中调整

（12）检查调整脱粒间隙，见图 2-17。脱粒间隙分为进口间隙和出口间隙。脱粒间隙应根据作物和作物条件进行挡位调整，作物潮湿调小；作物干燥间隙调大。

（13）检查调整筛片开度，见图 2-18。

（14）检查调整风扇风量，见图 2-19。

（15）备足备好田间作业常用工具、零配件、易损零配件及油料等，以便出现故障时能够及时排除。

图 2-17　检查调整脱粒间隙

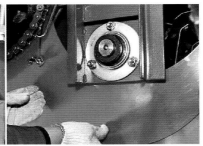

图 2-18　检查调整筛片开度　　　图 2-19　检查调整风扇风量

3. 试割

正式开始作业前要选择有代表性的地块进行试割。试割作业行进长度以 50 m 左右为宜。根据作物类型、田块条件确定适合的收割速度，对照作业质量标准仔细检查损失、破碎、含杂等情况，有无漏割、堵草、跑粮等异常情况。并以此为依据对割刀间隙、脱粒间隙、筛片开度和风扇风量等视情况进行必要调整。

割台搅龙叶片与割台底板之间的间隙通过拧转调节板上部的调节螺母进行调整；伸缩齿与割台底板之间的间隙通过转动

伸缩齿调节手柄进行调节。左右两边要同时调节。见图 2–20、图 2–21、图 2–22。

图 2–20　割台搅龙叶片与割台底板之间的间隙

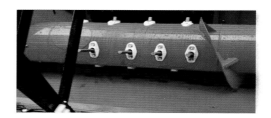

图 2–21　伸缩齿与割台底板之间的间隙

图 2–22　割台搅龙叶片、伸缩齿与割台底板之间的间隙

调整后再进行试割并检测，直至达到质量标准和农户要求。作物品种、田块条件有变化时要重新试割和调试机具。试割过程中，应注意观察、倾听机器工作状况，发现异常及时解决。

二、确定小麦适宜收获时间

小麦机收宜在蜡熟末期至完熟期进行，此时产量最高，品质最好。小麦成熟期主要特征：蜡熟中期下部叶片干黄，茎秆有弹性，籽粒转黄色，饱满而湿润，籽粒含水率25%～30%。蜡熟末期植株变黄，仅叶鞘茎部略带绿色，茎秆仍有弹性，籽粒黄色稍硬，内含物呈蜡状，含水率20%～25%。完熟期叶片枯黄，籽粒变硬，呈品种本色，含水率在20%以下。

确定收获时间，还要根据当时的天气情况、品种特性和栽培条件，合理安排收割顺序，做到因地制宜、适时抢收，确保颗粒归仓。小面积收获宜在蜡熟末期，大面积收获宜在蜡熟中期，以使大部分小麦在适收期内收获。留种用的麦田宜在完熟期收获。如遇雨季，或急需抢种下茬作物，或品种易落粒、折秆、折穗、穗上发芽等情况，应适当提前收获。

三、小麦机收作业质量要求

根据 JB/T 5117—2017《全喂入联合收割机技术条件》要求，全喂入小麦联合收割机收获总损失率≤1.2%、籽粒破损率≤1.0%、含杂率≤2.0%，无明显漏收、漏割。割茬高度应一致，一般不超过150 mm，留高茬还田最高不宜超过250 mm。收获作业后无油料泄漏造成的粮食和土地污染，以便提高下茬作物的播种出苗质量。

要求小麦联合收割机带有秸秆粉碎及抛洒装置，确保秸秆均匀

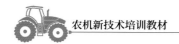

分布地表，见图 2-23。另外，也要注意及时与用户沟通，了解用户对收割作业的质量需求。

图 2-23　收割机秸秆粉碎及抛洒作业

四、减少小麦机收环节损失的措施

作业过程中，应选择适当的作业参数，并根据自然条件和作物条件的不同，及时对机具进行调整，使联合收割机保持良好的工作状态，减少机收损失，提高作业质量。

1.选择作业行走路线

联合收割机作业一般可采取顺时针向心回转、逆时针向心回转、梭形收割三种行走方法。在具体作业时，机手应根据地块实际情况灵活选用。转弯时应停止收割，将割台升起，采用倒车法转弯或兜圈法直角转弯，不要边割边转弯，以防因分禾器、行走轮压倒未割麦子，造成漏割损失。

2.选择作业速度

根据联合收割机自身喂入量、小麦产量、自然高度、干湿程度等因素选择合理的作业速度。作业过程中应尽量保持发动机在额定转速下运转。通常情况下，采用正常作业速度进行收割。当小麦稠密、植株大、产量高、早晚及雨后作物湿度大时，应适当降低作业速度。

3.调整作业幅宽

在负荷允许的情况下，控制好作业速度，尽量满幅或接近满幅工作，见图 2-24，保证作物喂入均匀，防止喂入量过大，影响脱粒质量，增加破碎率。

图 2-24　满幅作业

当小麦产量高、湿度大或者留茬高度过低时，已低速作业仍超载时，应适当减小割幅，见图 2-25，一般减少到 80%，以保证小麦的收割质量。

图 2-25　减幅作业

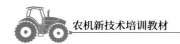

4. 保持合适的留茬高度

割茬高度应根据小麦的高度和地块的平整情况而定，一般以 50 ～ 150 mm 为宜，见图 2-26。割茬高度由割台高低决定，割台高低由操纵系统通过操纵割台油缸来调节，见图 2-27。

图 2-26　小麦割茬　　　　　图 2-27　割台高低调节

割茬过高，由于小麦高低不一或机器过田埂时割台上下波动，易造成部分小麦漏割，同时，拨禾轮的拨禾推禾作用减弱，易造成落地损失。在保证正常收割的情况下，割茬尽量低些，但最低不得小于 50 mm，以免切割泥土，加快切割器磨损。

5. 调整拨禾轮速度和位置

（1）拨禾轮的转速一般为联合收割机前进速度的 1.1 ～ 1.2 倍，不宜过高，见图 2-28。

图 2-28　拨禾轮转速的调整

（2）拨禾轮高低位置应使拨禾板作用在被切割作物 2/3 处为宜，见图 2-29。

图 2-29　拨禾轮高低位置的调整

（3）拨禾轮前后位置应视作物密度和倒伏程度而定，见图 2-30，当作物植株密度大并且倒伏时，适当前移，以增强扶禾能力。

图 2-30　拨禾轮前后位置的调整

拨禾轮转速过高、位置偏高或偏前，都易导致穗头籽粒脱落，使作业损失增加。

6.调整脱粒、清选等工作部件

脱粒滚筒的转速、脱粒间隙和导流板角度的大小，是影响小麦脱净率、破碎率的重要因素。在保证破碎率不超标的前提下，可通过适当提高脱粒滚筒的转速，减小滚筒与凹板之间的间隙，见图2-31，正确调整入口与出口间隙之比（应为4∶1）等措施，提高脱净率，减少脱粒损失和破碎。清选损失和含杂率是对立的，调整中要统筹考虑。在保证含杂率不超标的前提下，可通过适当调低风扇转速，见图2-32，减小风扇风量，见图2-33，调大筛片的开度及提高尾筛位置等，减少清选损失。

图 2-31　滚筒与凹板之间的间隙调整（左、右间隔应一致）

减少垫片转速降低

增加垫片转速提高

图 2-32　通过加减垫片调节风扇转速

图 2-33 调风量

作业中要经常检查逐稿器机箱内秸秆堵塞情况，及时清理，轴流滚筒可适当减小喂入量和提高滚筒转速，以减少分离损失。对于清选结构上有排草挡板的，在含杂、损失较高时，可通过调整排草板上下高度减少损失。

上筛由两个调节手柄分别控制前端和后端筛片开度，见图2-34，调节范围为 $0° \sim 45°$。

图 2-34 上筛调节

下筛由一个调节螺杆控制筛片开度，见图2-35，调节范围 $0° \sim 45°$。

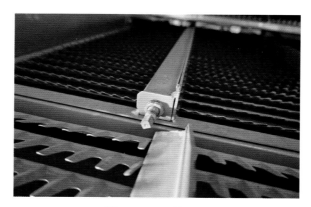

图 2-35 下筛调节

尾筛由一个调节手柄控制筛片开度，见图 2-36，调节范围为 0°~45°。

图 2-36 尾筛调节

7. 收割倒伏作物

适当降低割茬，以减少漏割；拨禾轮适当前移，见图 2-37；

拨禾弹齿后倾，见图 2-38、图 2-39。

图 2-37　拨禾轮位置前移

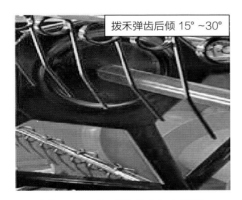

拨禾弹齿后倾 15°~30°

图 2-38　拨禾轮弹齿倾角调整

图 2-39　拨禾轮弹齿倾角调整

　　或者安装专用的扶禾器，以增强扶禾作用。倒伏较严重的作物，采取逆倒伏方向收获、降低作业速度或减少喂入量等措施。

　　8. 收割过熟作物

　　小麦过度成熟时，茎秆过干易折断、麦粒易脱落，脱粒后碎茎秆增加易引起分离困难，收割时应适当调低拨禾轮转速，见图2-40，防止拨禾轮板击打麦穗造成掉粒损失，同时降低作业速度，适当调整清选筛开度，也可安排在早晨或傍晚茎秆韧性较大时收割。

图2-40 拨禾轮转速调整

9.在线监测

如有条件，可在收割机上装配损失率、含杂率、破碎率在线监测装置，驾驶员根据在线监测装置提示的相关指标、曲线，适时调整行走速度、喂入量、留茬高度等作业状态参数，得到并保持低损失率、低含杂率、低破碎率的较理想的作业状态。

五、常见故障及排除方法

小麦联合收割机各系统常见故障及排除方法见表2-1至表2-5。

表2-1 割台系统常见故障及排除方法

常见故障	故障原因	排除方法
割刀堵塞	1.遇到石块、木棍、钢丝等硬物	1.立即停车排除硬物
	2.动定刀片切割间隙过大引起切割夹草	2.调整刀片间隙
	3.刀片或护刃器损坏	3.更换刀片和修磨护刃器刃，或更换护刃器
	4.因作物茎秆低而引起割茬低而使刀梁上壅土	4.提高割茬和清理积土

（续表）

常见故障	故障原因	排除方法
割台前堆积作物	1.割台搅龙与割台底间隙过大	1.按要求调整间隙
	2.茎秆短，拨禾轮太高或太偏前	2.下降或后移拨禾轮，尽可能降低割茬
	3.拨禾轮转速太低	3.提高拨禾轮转速
	4.作物短而稀	4.提高机器前进速度
作物在割台搅龙上架空，喂入不畅	1.机器前进速度偏高	1.降低机器前进速度
	2.拨齿伸出位置不对	2.向前上方调整伸缩位置
	3.拨禾轮离割台搅龙太远	3.后移拨禾轮
拨禾轮打落籽粒太多	1.拨禾轮转速太高，打击次数多	1.降低拨禾轮转速
	2.拨禾轮位置偏前，打击强度高	2.后移拨禾轮位置
	3.拨禾轮位置太高，打击穗头	3.降低拨禾轮高度
拨禾轮翻草	1.拨禾轮位置太低	1.提高拨禾轮位置
	2.拨禾轮弹齿后倾偏大	2.调整拨禾板弹齿高度
	3.拨禾轮位置偏后	3.拨禾轮位置前移
拨禾轮轴缠草	1.作物长势蓬乱	1.停车及时排除缠草
	2.作物茎秆过高过混杂	2.适当升高拨禾轮位置
被割作物向前倾倒	1.机器前进速度偏高	1.降低机器前进速度
	2.拨禾轮转速太低	2.提高拨禾轮转速
	3.切割器上壅土	3.清理切割器壅土
	4.动刀切割速度太低	4.检查调整摆环箱传动带张紧度

表2-2 脱粒和清选系统常见故障及排除方法

常见故障	故障原因	排除方法
滚筒堵塞	1. 切流滚筒转速偏低或滚筒带、联组带张紧度偏小	1. 关闭发动机。将活动凹板间隙放到最大，打开滚筒室周围各检视孔盖和前封闭板，盘动滚筒带，将堵塞物清除干净，适当提高切流滚筒转速，或调整皮带张紧度
	2. 喂入量偏大	2. 降低机器前进速度或提高割茬
	3. 作物潮湿	3. 适当延期收获，或减少喂入量
滚筒脱粒不净偏高	1. 切流滚筒转速太低	1. 提高切流滚筒转速
	2. 活动凹板间隙偏大	2. 减小活动凹板间隙
	3. 作物过于潮湿	3. 待作物干燥后收割
	4. 喂入量偏大或不均匀	4. 降低机器前进速度
	5. 纹杆磨损或凹板栅格变形	5. 更换或修复
谷粒破碎太多	1. 切流滚筒转速过高	1. 降低切流滚筒转速
	2. 活动凹板间隙偏小	2. 适当放大活动凹板出口间隙
	3. 作物过熟，或霜后收获	3. 降低滚筒转速，增加凹板间隙
	4. 籽粒进入杂余搅龙太多	4. 减小尾筛开度，适当增大上筛开度
	5. 复脱器揉搓作用太强	5. 更换水稻状态复脱叶轮
谷粒脱不净而破碎多	1. 活动凹板扭曲变形，两端间隙不一致	1. 校正活动凹板
	2. 活动凹板间隙偏大，切流滚筒转速偏高	2. 适当缩小间隙和降低转速
	3. 活动凹板间隙偏小，切流滚筒转速偏低	3. 适当放大活动凹板间隙和提高转速
	4. 轴流滚筒转速偏高	4. 降低轴流滚筒转速

（续表）

常见故障	故障原因	排除方法
滚筒转速失稳或有异常声音	1.脱谷室物流不畅	1.适当放大活动凹板出口间隙，提高切流滚筒转速，校正排草板变形
	2.滚筒室有异物	2.排除滚筒室异物
	3.螺栓松动或脱落或纹杆损坏	3.拧紧螺栓，更换纹杆
	4.滚筒不平衡或变形	4.重新调平衡，修复变形或更换滚筒
	5.滚筒轴向窜动与侧壁摩擦	5.调整并紧固牢靠
	6.轴承损坏	6.更换轴承
排草中夹带籽粒偏多	1.发动机未达到额定转速，或联组带、脱谷带未张紧	1.检查油门是否到位，或张紧联组带、脱谷带
	2.切流滚筒转速过低或栅格凹板前后"死区"堵塞，分离面积缩减	2.提高切流滚筒转速，清理栅格凹板前后"死区"堵塞
	3.喂入量偏大	3.降低机器前进速度或提高割茬
排糠中籽粒偏高	1.筛片开度较小	1.适当提高筛片开度
	2.风量偏高籽粒吹出	2.减小调风板开度
	3.切流滚筒转速太高，清选负荷加大	3.降低滚筒转速
	4.尾筛开度偏大，清选负荷加大	4.减小尾筛开度
	5.风量偏小，籽粒在糠中吹不散	5.增大调风板开度，增大进风量
	6.喂入量偏大	6.降低机器前进速度或提高割茬
粮食含杂率偏高	1.上筛筛片开度偏大	1.适当降低该筛片开度
	2.下筛筛片开度偏大	2.减小下筛筛片开度
	3.风量偏小	3.适当开大调风板开度

（续表）

常见故障	故障原因	排除方法
粮中穗头偏多	1. 上筛筛片开度偏大	1. 适当减小该段筛片开度
	2. 风量偏小	2. 适当开大调风板开度
	3. 切流滚筒转速偏低	3. 提高切流滚筒转速
	4. 活动凹板间隙偏大	4. 减小活动凹板间隙
	5. 复脱器弹簧压力不足	5. 更换复脱器弹簧
复脱器堵塞	1. 清选胶带张紧度偏小	1. 提高清选带张紧度
	2. 作物潮湿或品种难脱，进入复脱器杂余量大	2. 减小尾筛开度
	3. 安全离合器弹簧预紧扭矩不足	3. 停止工作，排除堵塞，检查安全离合器预紧扭矩是否符合规定

表 2-3 底盘系统常见故障及排除方法

常见故障	故障原因	排除方法
行走离合器打滑	1. 分离杠杆不在同一平面	1. 调整分离杠杆螺母
	2. 变速箱加油过多，摩擦片进油	2. 将摩擦片拆下清洗，检查变速箱油面
	3. 摩擦片磨损偏大，弹簧压力降低，或摩擦片铆钉松脱	3. 修理或更换摩擦片，更换长度尺寸公差范围内弹簧
行走离合器分离不清	1. 分离杠杆膜片弹簧与分离轴承之间自由间隙偏大，主被动盘不能彻底分离	1. 调整膜片弹簧与分离轴承之间自由间隙
	2. 分离轴承损坏	2. 更换分离轴承
挂挡困难或掉挡	1. 离合器分离不彻底	1. 及时调整离合器
	2. 小制动器制动间隙偏大	2. 及时调整小制动器间隙
	3. 工作齿轮啮合不到位	3. 调整滑动轴挂挡位置（调整换挡推拉软轴调整螺母）
	4. 换挡叉轴锁定机构不能到位	4. 调整锁定机构弹簧预紧力

（续表）

常见故障	故障原因	排除方法
变速箱工作有异常	1.齿轮严重磨损	1.更换齿轮副
	2.轴承损坏	2.更换轴承
	3.润滑油油面不足或型号不对	3.检查油面或润滑油型号
变速范围达不到	1.变速油缸工作行程达不到	1.系统内泄，送工厂检查修理
	2.变速油缸工作时不能定位	2.系统内泄，送工厂检查修理
	3.动盘滑动副缺油卡死	3.及时润滑
	4.行走带拉长打滑	4.调整无级变速轮张紧架
最终传动齿轮室有异响	1.边减半轴窜动	1.检查边减半轴固定轴承和大轮轴固定螺钉
	2.轴承未注油或进泥损坏	2.更换轴承，清洗边减齿轮
	3.轴承座螺栓和紧定套未锁紧	3.拧紧螺栓和紧定套

表2-4 液压系统常见故障及排除方法

常见故障	故障原因	排除方法
操作系统所有油缸在接通多路换向阀时均不能工作	1.油箱油位过低，油泵出油口不出油（油管长时间不升温）	1.检查油箱油面，按规定加足液压油；检查泵的密封性
	2.溢流阀工作压力太低（尽管油管升温，但油缸不工作）锥阀脱位；锥阀面有机械杂质	2.按要求调整溢流阀弹簧工作压力；清除机械杂质
	3.换向阀拉杆行程不到位，阀内油道不通畅	3.调整

（续表）

常见故障	故障原因	排除方法
割台和拨禾轮升降缓慢或只升不降	1. 溢流阀工作压力偏低	1. 按要求调整溢流阀弹簧压力
	2. 油路中有气	2. 排气
	3. 滤清器被脏物堵住	3. 清洗
	4. 齿轮泵内泄	4. 检查泵内卸压片密封圈和泵盖密封圈
	5. 油缸节流孔被脏物堵塞	5. 拆下接头，排除脏物
割台和拨禾轮升降速度不平稳	1. 油路中有气	1. 排气
	2. 溢流阀弹簧工作不稳定	2. 更换弹簧
割台与拨禾轮自动沉降（换向阀中位时）	1. 油缸密封圈失效	1. 更换密封圈
	2. 阀体与滑阀因磨损或拉伤造成间隙增大	2. 送工厂检修或更换滑阀
	3. 滑阀位置没对中	3. 使滑阀位置保持对中
	4. 单向阀（锥阀）密封带磨损或粘有脏物	4. 更换单向阀或清除脏物
转向盘居中时机器跑偏	1. 转向器拨销变形或损坏	送工厂检修
	2. 转向器弹簧片失效	
	3. 联动轴开口变形	
转向沉重	1. 油泵供油不足	1. 检查油泵和油面高度
	2. 转向系油路中有空气	2. 排除空气

表2-5　电器系统常见故障及排除方法

常见故障	故障原因	排除方法
起动无反应	1. 蓄电池极柱松动或电缆线搭铁不良	1. 紧固极柱，将搭铁线与机体连接可靠，搭铁处不允许有油漆或油污

（续表）

常见故障	故障原因	排除方法
起动无反应	2.起动电路中保险片、点火开关的起动挡、起动继电器中有损坏或接触不良之处	2.更换新件或检查插接件结合处并连接好
	3.起动机中电磁开关损坏或电枢绕组损坏	3.更换新件
	4.主离合或卸粮手柄下的安全开关失效或处于接合状态	4.分离
不充电	1.发电机风扇皮带打滑或连接线断	1.调整皮带松紧度或检查发电机各连接导线是否准确
	2.发电机内部故障（如二极管击穿短路或断路、激磁绕组断路或断路、三相绕组相与相之间短路或搭铁等）	2.修复或更换
	3.调节器损坏	3.更换
堵塞、倒车报警器主机不显示或背光不亮	1.电源插头处没电	1.检查线路接好
	2.电源插头没插好	2.重新插好
	3.报警器主机故障	3.更换报警器主机
报警器主机显示乱码或蜂鸣器及报警灯指示不正常	报警器主机故障	更换报警器主机
报警器主机显示正常，但报警灯不亮	1.与报警器主机相连的传感器线束插头松脱	1.插好并紧固两边螺丝
	2.报警器主机内部故障	2.更换报警器主机
报警器主机显示正常，但报警灯不停地闪烁	转速低于报警点	加大油门，提高转速
报警器主机显示正常，报警灯不停地闪烁，但蜂鸣器不响	1.报警器主机面板上的报警开关未打开	1.打开主机报警器开关
	2.报警器主机内部故障	2.更换报警器主机

（续表）

常见故障	故障原因	排除方法
单个或多个报警灯常红不变绿并报警（最大油门时）	1. 磁钢装反或丢失	1. 重新装好
	2. 传感器与磁钢间隙大于 5 mm	2. 调整间隙为 3 ~ 5 mm
	3. 所对应的传感器线段	3. 接好
	4. 所对应的传感器失效	4. 更换传感器
	5. 报警器主机内部故障	5. 更换报警器主机
主离合未接合出现误报警现象	传感器与支架连接未加装绝缘圈	加装绝缘垫圈
充电电流过大	1. 调节器损坏，失调	1. 更换
	2. 发电机内部故障	2. 修复或更换
	3. 蓄电池亏电过多或其内部短路	3. 蓄电池预充电或更换

六、保养与存放

（一）小麦联合收割机的班次保养

1.清理

每天工作前将收获机各部位上的颖壳、麦芒、碎秸秆等附着物清理干净。特别是彻底清除滚筒、凹板、抖动板、清选筛上的颖壳、麦芒等附着物，清理拨禾轮、切割器、喂入搅龙、皮带和链条各转动部位的缠绕和堵塞物，清理发动机冷却水箱散热器孔中的麦糠、杂草等堵塞物。

2.清洗

小麦收获季节气温很高，发动机经常开锅，必须保证发动机散热器具有良好的通风性能，起到散热作用。散热器经清理后，还应用具有一定压力的水冲洗干净，或用毛刷清洗干净。要保证散热器格子间无杂物和附着物。若出现水温过高的情况，应随时停车清理和清洗。

3. 检查

（1）切割器有无损坏，调整刀片间隙是否合适，及时进行更换和调整。

（2）输送槽、倾斜输送器链耙是否松动，张紧是否适当，及时调整紧固。

（3）机架、轮系各连接紧固部位、各拉杆备紧螺母、防松销轴是否松动或脱落，应及时紧固和更换。

（4）检查调整伸缩齿的位置，校正已变形的搅龙叶片。

（5）三角带和链条的张紧度是否适宜，带轮、链轮是否松动。及时调整张紧轮、紧固带轮、链轮。

（6）检查液压系统油箱的油位情况，油路各连接接头是否渗漏，法兰盘连接与固定是否松动，若液压油不足，应及时添加，发现渗漏、松动，应及时焊接、紧固或更换。

（7）检查发动机水箱、燃油箱、柴油机底壳水位和油位不足时，应及时添加。

（8）检查电气线路的连接和绝缘情况，发现损坏和接触不良及时修复。

（9）检查滚筒入口处密封板、抖动板前端板、脱谷部分各密封橡胶板及各孔盖等处密封状态，不得有漏粮现象。

（10）检查转向和制动系统的可靠性。

（11）清理发动机空气滤清器的滤芯和内腔通气道。

（12）检查驾驶室内各仪表、操纵机构是否正常。

（13）启动发动机，使机组低速运转，仔细听有无异常响声，及时排除故障。

4.润滑

联合收割机润滑应注意以下事项：

（1）严格按照说明书要求的时间周期、油脂型号、部位进行润滑。

（2）加注润滑油所用器具要洁净。润滑前应擦净油嘴、加油口、润滑部位的油污和尘土。

（3）要经常检查轴套、轴承等摩擦部位的工作温度，如发现油封漏油，工作温度过高，应随时修复和润滑。

（4）链条、链轮的润滑要在停车状态下进行，润滑时应除去链条上的油泥，抹刷均匀。

（5）行走离合器分离轴承和轴套必须拆卸后进行润滑，一般每年一次。

（6）联合收获试运转结束后，或经交叉时间运行，应将齿轮油、发动机油底壳机油更换或过滤后再用。一般每周检查一次，发现漏油、油位不足时立即添加。

（7）拨禾轮等部位的木轴瓦应在使用前放在 $120 \sim 130℃$ 的机油中浸煮 2 h，然后抹上黄油安装好。

（8）加注黄油时一定要加足，加注不进去时可转动润滑部位后再加，直至加满。

（9）各润滑部位，可拆卸的轴承、轴套、滑块等应结合保养工作，用机油洗干净，装配后加注润滑油。各润滑部位润滑周期应按照其说明书要求润滑。

（10）所有含油轴承，每季作业结束后应卸下，在热机油中浸泡 2 h 补油。

（二）小麦联合收割机的季度保养与存放

小麦联合收割机经一季度的作业后，一定会或多或少地存在一些故障或故障隐患，必须及时进行全面的保养，以备下一年使用。这样，也可提高联合收割机的使用寿命。

1. 清理

清理机组各部位的杂草、尘土、油污，有必要时用水冲洗，使机组各部位干净无尘。

2. 全面检查各工作部件

拆卸后的各部件在存放前，要全面检查修复，不能继续使用的零部件，最好当时购置新件，以备下一年使用。

（1）分禾器。分禾器是是由薄钢板经加工成形、焊接而成。作业中稍加碰撞即会变形、断裂或脱焊。应拆下检查，必要时整形修复。

（2）拨禾轮。重点检查拨禾轮、伸缩齿偏心滑轮机构有无变形，检查木轴承的磨损情况，进行必要的校正、修复和更换。

（3）切割器。切割器是联合收割机的关键部件，其动刀片、定刀片、刀杆、护刃器、摩擦片等易磨损和损坏。检查时需拆下所有压刃器、刀杆压板、摩擦片等，再对所有零部件进行检查和修复。

定刀片刃口厚度超过 0.3 mm，刀片宽度窄于护刃器宽度的应更换，松动的应铆紧。护刃器不得有裂纹、弯曲和扭曲。所有定刀片工作平面应在一平面内，偏差不得超过 0.5 mm。

动刀片齿纹应完整，刀片有缺口、磨损严重或有裂纹的应报废，松动的应铆紧。

刀杆弯曲量不得超过 0.5 mm，有裂纹的应更换。

摩擦片工作面磨损超过 1.5 mm 的应更换。

切割器的所有零件整形、修复和更换后，按要求装配并调整。

（4）割台搅龙。搅龙叶片、滚筒体，有变形、开焊的应校正和焊合。

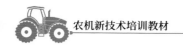

伸缩齿工作面磨损超过 4.5 mm 的应更换，伸缩齿导套与伸缩齿间隙超过 3 mm 的应更换伸缩齿导套。

（5）放松输送带，更换变形严重的耙齿。

（6）滚筒钉齿磨损不大于 4.5 mm，螺旋导向板变形或开焊时应修正焊合。导向板磨损量超过 2 mm 的应更换。

（7）凹板筛钢丝工作面磨损超过 2 mm 的应更换。

（8）输粮搅龙叶片变形或开焊的应整形焊接，叶片高度磨损超过 2.5 mm 的应更换。安全离合器钢球脱落的应补齐，弹簧压力不够时应调整或更换。

（9）所有罩壳、机架是否变形、脱焊、断裂。根据具体情况进行修复。

（10）轴上的键槽、键磨损严重时应修复或更换。

（11）轴承滚珠、轴承滚道磨损严重时应更换。

（12）传动带磨损和拉长严重的应更换。

3. 防锈

磨损掉漆的部位，应除锈后重新涂漆。对各黄油加注点加注黄油。切割器、偏心轴伸缩齿、链条等传动部件，在清洗后涂上防锈油脂。

4. 存放

零部件存放整齐，大部件集中存放，小部件打包或装箱存放，三角带挂起，各部件切勿丢失。自走式联合收获机最好用支架垫起，不让轮胎受压，以保护轮胎。严禁在收割机及部件上堆放杂物。机库应通风、干燥、不漏雨雪，露天存放时应盖严，防雨遮阳。

七、安全操作规程

1. 安全常识

（1）小麦联合收割机的驾驶和操作人员，必须接受安全教育，学习安全防护常识。要提醒参与收获作业的人员注意安全问题，要特别注意周围的儿童。驾驶和操作人员要穿紧身衣裤，不允许穿肥大的衣裤，男士不得系领带，女士要戴工作帽。收割机不得载人。

（2）遵守交通规则，听从交警的指挥，注意电线、树木等障碍物，注意桥梁的承重量，沟壑的通过性。

（3）驾驶员不得带病、疲劳驾车。

（4）熟悉操作技术，掌握驾驶要领。

（5）配备防火器具。收割机要配带灭火器，发动机烟筒上要配安全帽。

（6）不得开带有故障隐患的车。要保证制动器、转向器、照明大灯、转向灯、喇叭等部件没有故障。

（7）要参加安全保险。

（8）收割机不得与汽油、柴油、柴草存放在一起，不得把带电的导线缠绕在收割机上。

2. 安全操作

（1）每天作业前进行班次保养，确保机器各部件正常。不要把工具丢在机器内，以防伤人与损坏机器。

（2）行进中不准上下收割机，非机组人员不得上收割机。

（3）收割机运转和未完全停止转动前不得触摸转动部位。严禁把手指伸进割刀空隙间、链轮与链条间、皮带轮与皮带间等转动部位调试收割机，不得把手臂伸进滚筒撕拉麦草。机组维修时严禁启动机器或转动任何部位。

（4）联合收割机卸粮时，不得把手伸进出粮筒口，向外扒粮，以防搅龙损伤手臂。

（5）夜间维修和加油时，应配备手电或车上工作灯，严禁用明火照明。发动机启动电路发生故障时，不得用碰火的方法启动马达。收割机不得带汽油桶。

（6）驾驶和操作疲劳时，不得在田间、地头睡觉，启动和起步时应鸣喇叭。

（7）每次停车时，一定要把行走变速杆、工作离合器、卸粮离合器放在空挡上，以防再次启动时发生危险。

（8）严禁在电瓶和其他电线接头处放置金属物品，以防短路。中间维修、当日收工、焊接零部件时，一定要关闭总电源开关。

（9）收割机用于固定脱粒时，一定要切断割刀和拨禾轮等无关部位的传动。

（10）收割机不得在地面坡度大于15°的坡地和道路上作业和行驶。

八、培训与监督

机手、种植户和从事收获质量监督的乡镇农机管理人员应经过培训，掌握作物品种、作物含水率、种植模式、收割地形等方面的农艺知识，掌握收割机的正确使用、维护保养知识以及作业质量标准要求。鼓励种植户与机手签订收获作业损失协议，乡镇农机管理人员可通过巡回检查监督作业损失等情况，并在损失偏大或出现其他不合乎要求情形时，要求机手调整，仍然不合要求的，应更换作业机器。

第三章
玉米机械化收获减损技术

本章内容适用于使用机械化玉米摘穗 / 籽粒收获作业。在一定区域内，玉米品种及种植模式、行距应尽量规范一致，作物及地块条件适于机械化收获。应选择与作物种植行距、成熟期、适宜收获方式对应的玉米收获机并提前检查调试好机具，确认收获期适宜，执行玉米机收作业质量标准和操作规程，努力减少收获环节的落穗、落粒、抛洒、破碎等损失。

一、作业前机具检查调试

玉米联合收获机作业前要做好充分的保养与调试工作，使机具达到最佳工作状态，预防和减少作业故障的发生，提高收获质量和效率。

1. 作业季节前的检查与保养

作业季节前要依据产品使用说明书对玉米收获机进行一次全面检查与保养，确保机具在整个收获期能正常工作。经重新拆装、保养或修理后的玉米收获机要认真做好试运转，认真检查行走、转向、割台、输送、剥皮、脱粒、清选、卸粮等机构的运转、传动、间隙等情况，检查升降系统是否工作正常，检查有无异常响声和漏油、漏水情况；割台、机架等部件有无变形等，见图 3-1，发现问题逐一解决。

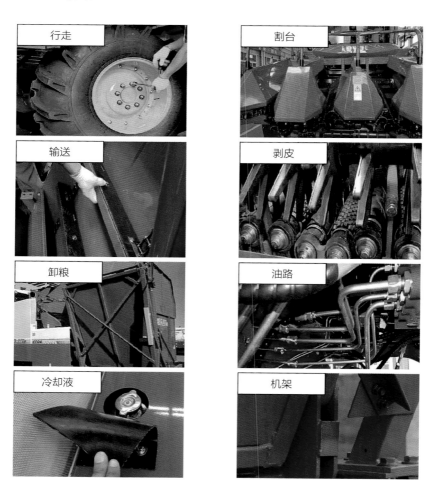

图 3-1　收割机作业前的检查保养

2. 作业前的检查

（1）作业前，要检查各操纵装置功能是否正常，见图 3-2。

图 3-2　检查各操纵装置

（2）检查各部位轴承及在轴上高速转动件（如茎秆切碎装置，中间轴等）安装情况，见图 3-3。

图 3-3　检查轴承和转动件

（3）检查离合器、制动踏板自由行程是否适当，见图 3-4、图 3-5。

图 3-4　检查离合器踏板自由行程　　图 3-5　检查制动踏板自由行程

（4）检查仪表盘各指示是否正常，见图3-6。

图3-6　检查仪表盘各指示功能

（5）检查燃油、发动机机油、液压油、冷却液是否适量，见图3-7。

图3-7　检查燃油、发动机机油、液压油、冷却液

（6）检查轮胎气压是否正常，见图3-8。

图3-8 检查轮胎气压

（7）检查Ｖ型带、链条、张紧轮等是否松动或损伤，运动是否灵活可靠；检查和调整各传动皮带的张紧度，见图3-9，防止作业时皮带打滑。

图3-9 检查调整Ｖ型带、链条张紧度

（8）检查重要部位螺栓、螺母有无松动，见图3-10。

图3-10 检查重要部位的螺栓、螺母

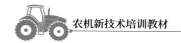

（9）检查有无漏水、渗油、漏气等现象，见图3-11。

渗漏冷却液

渗漏油

图3-11　检查有无"三漏"

（10）检查所有防护罩连接是否紧固，见图3-12。

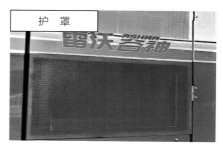
护　罩

图3-12　检查防护罩

（11）备足备好田间作业常用工具、零配件、易损件等，以便出现故障时能够及时排除。进行空载试运转，检查液压系统工作情况，液压管路和液压件的密封情况；检查轴承是否过热及皮带、链条的传动情况，以及各连接部件的紧固情况。

3.试收

正式收获前，选择有代表性的地块进行试收，对机器调试后的技术状态进行一次全面的现场检查，检查收获机各部件是否还有故障，同时根据实际的作业效果和农户要求进行必要调整。

收获机进入田间后，接合动力挡，使机器缓慢运转。确认无异常后，将割台液压操纵手柄下压，降落割台到合适位置（摘穗板或摘穗辊前部接近玉米结穗位下部300 ～ 500 mm），见图 3-13；缓慢结合主离合器，使各机

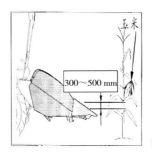

图 3-13　调节割台高度

构运转，若无异常方可使发动机转速提升至额定转速；待各机构运转平稳后，再挂低速挡前进。采取正常作业速度试收 20 m 左右停机，检查收获后果穗、籽粒损失、破碎、含杂等情况，有无漏割、堵塞等异常情况。如有不妥，对摘穗辊（或拉茎辊、摘穗板）、输送、剥皮、脱粒、清选等机构视情况进行必要调整。调整后，再次试收，并检查作业质量，直到满足要求方可进行正常作业。试收过程中，应注意观察、倾听机器工作状况，发现异常及时解决。

二、确定玉米适宜收获期和收获方式

适期收获玉米是增加粒重、减少损失、提高产量和品质的重要生产环节，防止过早或过晚收获对玉米的产量和品质产生不利影响。玉米成熟的标志是植株的中、下部叶片变黄，基部叶片干枯，果穗变黄，苞叶干枯成黄白色而松散，籽粒脱水变硬，乳线消失，微干缩凹陷，籽粒基部（胚下端）出现黑帽层，并呈现出品种固有的色泽。玉米收获适期因品种、播期及生产目的而异。

1.果穗收获

对种植中晚熟品种和晚播晚熟的地块，玉米籽粒含水率一般在35% 以上时，应采取机械摘穗、晒场晾棒或整穗烘干的收获方式；

当玉米果穗籽粒含水率降至25%以下或东北地区白天室外气温降至-10℃时，再用机械脱粒。

2.籽粒直收

对一些种植早熟品种的地块，因这类品种的玉米具有成熟早、脱水快的特点，当籽粒含水率在25%以下或东北地区白天室外气温降至-10℃时，便可利用玉米联合收获机直接脱粒收获，减少晾晒管理和贮藏的压力。

确定收获期时，还要根据当时的天气情况、品种特性和栽培条件，合理安排收获顺序，做到因地制宜、适时抢收，确保颗粒归仓。如遇雨季迫近，或急需抢种下茬作物，或品种易落粒、折秆、掉穗、穗上发芽等情况，应适当提前收获。

三、玉米机收作业质量要求

依据农业行业标准《玉米收获机作业质量》（NY/T 1355—2007）、国家标准《玉米收获机械》（GB/T 21962—2020），玉米机收作业质量要求如下：

1.果穗收获

在籽粒含水率为25%～35%，植株倒伏率低于5%，果穗下垂率低于15%，最低结穗高度大于350 mm的条件下，玉米果穗收获机作业质量应符合以下规定：总损失率≤3.5%，籽粒破碎率≤0.8%，苞叶剥净率≥85%，果穗含杂率≤1.0%。

2.籽粒直收

在籽粒含水率为15%～25%，果穗下垂率低于15%，最低结穗高度大于350 mm的条件下，玉米籽粒收获机作业质量应符合以下规定：总损失率≤4.0%，籽粒破碎率≤5.0%，籽粒含杂率≤2.5%。

四、减少玉米机收环节损失的措施

玉米收获过程中，应选择正确的作业参数，并根据自然条件和作物条件的不同及时对机具工作参数进行调整，使玉米联合收获机保持良好的工作状态，降低机收损失，提高作业质量。

1. 检查作业田块

玉米收获机在进入地块收获前，必须先了解地块的基本情况：玉米品种、种植行距、密度、成熟度、最低结穗高度、果穗下垂及茎秆倒伏情况，是否需要人工开道、清理地头、摘除倒伏玉米等，以便提前制订作业计划。对地块中的沟渠、田埂、通道等予以平整，并将地里水井、电杆拉线、树桩等不明显障碍进行标记，以利安全作业。根据地块大小、形状，选择进地和行走路线，以便利于运输车装车，尽量减少机车的进地次数。

2. 选择作业行走路线

玉米收获机作业时保持直线行驶，在具体作业时，机手应根据地块实际情况灵活选用。转弯时应停止收割，采用倒车法转弯或兜圈法直角转弯，不要边收边转弯，以防因分禾器、行走轮等压倒未收获的玉米，造成漏割损失，甚至损毁机器。选择正确的收获作业方向，应尽量避免横向收割，特别是在垄较高的田块，横向收割会使机器颠簸大、进而加大收割损失。对于侧向排出秸秆、草叶的玉米收获机，要注意排出口是左侧还是右侧。

3. 选择作业速度

收获时的喂入量是有限度的，根据玉米收获机自身喂入量、玉米产量、植株密度、自然高度、干湿程度等因素选择合理的作业速度。通常情况下，开始时先用低速收获，然后适当提高作业速度，最后采用正常作业速度进行收获，注意观察摘穗机构、剥皮机构等

是否有堵塞情况。当玉米稠密、植株大、产量高、行距宽窄不一、地形起伏不定、早晚及雨后作物湿度大时，应适当降低作业速度。晴天的中午前后，秸秆干燥，收获机前进速度可选择快一些。严禁用行走挡进行收获作业。

4. 调整作业幅宽或收获行数

在负荷允许、收割机技术状态完好的情况下，控制好作业速度，尽量满幅或接近满幅工作，保证作物喂入均匀，防止喂入量过大，影响收获质量，增加损失率、破碎率。当玉米行距宽窄不一，可不必满割幅作业，避免刮蹭相邻行秸秆，导致果穗掉落，增加损失。

5. 保持合适的留茬高度

留茬高度应根据玉米的高度和地块的平整情况而定，一般留茬高度要小于 110 mm，见图 3-14，既保证秸秆粉碎质量，又避免还田刀具太低打土，造成损坏。如安装灭茬机时，应确保灭茬刀具的入土深度，保证灭茬深浅一致，见图 3-15，以保证作业质量。定期检查切割粉碎质量和留茬高度，根据情况随时调整。

图 3-14　留茬高度

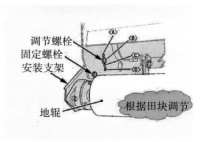

调节螺栓
固定螺栓
安装支架

地辊

根据田块调节

图 3-15　调整灭茬深浅

6. 调整摘穗机构工作参数

摘穗型玉米收获机：对于摘穗辊式的摘穗机构，收获损失略大，籽粒破碎率偏高，尤其是在转速过低时，果穗与摘穗辊的接触时间较长，玉米果穗被损伤的概率增加；摘穗辊转速较高时，果穗与摘穗辊的碰撞较为剧烈，玉米果穗被损

图 3-16　摘穗辊间隙

伤、落粒的几率增加；因此应合理选择摘穗辊转速，达到有效降低籽粒破碎率，减少籽粒损失的目的。

当摘穗辊的间隙过小时，碾压和断茎秆的情况比较严重，而且会有较粗大的秸秆不能顺利通过而产生堵塞；间隙过大时会啃伤果穗，并导致掉粒损失增加。因此，摘穗辊间隙应根据玉米性状特点进行调整，见图 3-16、图 3-17，以适应不

图 3-17　调整摘穗辊间隙

同粗细的茎秆、果穗，以减少果穗、籽粒的损失。

7. 调整拉茎辊与摘穗板组合式摘穗机构工作参数

两个拉茎辊之间及两块摘穗板之间的间隙正确与否对减少损失、防止堵塞有很大影响，必须根据玉米品种、果穗大小、茎秆粗细等情况及时进行调整。

（1）调整拉茎辊间隙。拉茎辊间隙是指拉茎辊凸筋与另一拉茎辊凹面外圆之间的间隙，一般取 10～17 mm。当茎秆粗、植株密

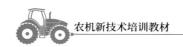

度大，作物含水率高时，间隙应适当大些，反之间隙应小些。间隙过大时拉茎不充分、易堵塞，果穗损失增大；间隙过小，造成咬断茎秆情况严重。

（2）调整摘穗板工作间隙。间隙过小，会使大量的玉米叶、茎秆碎段混入玉米果穗中，含杂较大；间隙过大，会造成果穗损伤、籽粒损失增大。应根据被收玉米性状特点找到理想的摘穗板工作间隙。

8. 调整剥皮装置

对摘穗剥皮型玉米收获，要调整适宜压送器与剥皮辊间距，见图 3-18。间距过小时，玉米果穗与剥皮辊的摩擦力大、剥净率高、单果穗易堵塞，果穗损伤率、落粒率均高；剥皮辊倾角一般取 10°～12°，倾角过小果穗作用时间长，损伤率、落粒率高。

图 3-18　调整压送器与剥皮辊间隙

9. 调整脱粒、清选等工作部件

对玉米籽粒收获，脱粒滚筒的转速、脱粒间隙和导流板角度的大小，是影响玉米脱净率、破碎率的重要因素。在保证破碎率不超标的前提下，可通过适当提高脱粒滚筒的转速，减小滚筒与凹板之间的间隙，正确调整入口与出口间隙比等措施，见图 3-19、图

3-20，提高脱净率，减少脱粒损失和破碎。

图 3-19　调整滚筒转速　　　　图 3-20　调整滚筒与凹板之间的间隙

　　清选损失和含杂率是对立的，调整时要统筹考虑。在保证含杂率不超标的前提下，可通过适当减小风扇风量、调大筛片的开度及提高尾筛位置等，见图 3-21，减少清选损失。作业中要经常检查逐稿器机箱内秸秆堵塞情况，及时清理，轴流滚筒可适当减小喂入

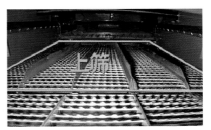

图 3-21　调节风量和筛片开度及位置

量和提高滚筒转速，以减少分离损失。

10. 收割过熟作物

玉米过度成熟时，茎秆过干易折断、果穗易脱落，脱粒后碎茎秆增加易引起分离困难，收获时应适当降低前行速度，适当调整清选筛开度，也可安排在早晨或傍晚茎秆韧性较大时收割。

11. 收割倒伏作物

收获倒伏玉米时，应沿玉米倒伏方向的逆向或者侧向进行收获，同时尽量放低割台高度、降低作业速度，加大油门匀速作业，减少割台堵塞、收获机故障。如有条件，可对割台进行改装，添加辊式、链式或者拨指式辅助扶禾喂入装置，提高倒伏玉米喂入的流畅性，降低果穗损失。秋收期间内涝地块建议收获机加装半履带进行抢收作业。

12. 规范作业操作

驾驶员应随时观察收获期作业状况，避免发生扶禾器、摘穗结构碰撞硬物、漏收、喂入量过大、还田机甩刀打土等异常现象。作业过程中不得随意停车，若需停车时，应先停止机器前进，让收获机继续运转 30 s 左右，然后再切断动力，以减少再次启动时发生果穗断裂和籽粒破碎的现象。

五、常见故障及排除方法

玉米联合收获机常见故障与排除方法见表 3-1。

表 3-1 常见故障分析与排除方法

常见故障	故障原因	排除方法
摘穗辊堵塞	1.田间杂草异常多	1.降低行驶速度
	2.切草刀间隙大	2.调整切草刀间隙
	3.摘穗辊间隙太小	3.调整摘穗辊间隙
	4.前进速度不适当	4.改变工作档位
	5.拨禾链不转	5.排除拨禾链不转故障
	6.摘穗齿箱安全弹簧弹力不强	6.调整弹簧
机器剧烈震动	1.传动轴弯曲	1.校正传动轴
	2.十字轴轴承损坏	2.更换轴承
	3.切碎器主轴不平衡	3.甩刀折断、脱落应及时补换
	4.紧固螺栓松动	4.紧固螺栓
拨禾链不转	1.拨禾器触地	1.避免触地
	2.拨禾器滚链	2.更换机件
	3.被杂草卡住	3.清除杂草
	4.拨禾链太松，挂住拖链板	4.调整拨禾链紧度
切碎器主轴温度过高	1.缺油或油失效	1.注油
	2.三角带过紧	2.调整拨禾链紧度
	3.轴承损坏	3.调换
升运器链条不转	1.链条脱落及两轴轮损坏	1.调整
	2.升运器内有杂物	2.排除杂物
秸秆粉碎质量不好	1.行距不合要求	1.改进行驶操作
	2.传动带过松打滑	2.调紧传动带
	3.前进速度太快及地面不平	3.放慢速度
	4.甩刀磨损严重	4.更换
变速箱有杂音	1.齿轮侧隙不合适	1.调整侧隙为 0.15 ～ 0.35 mm
	2.齿轮或轴承损坏	2.更换
	3.缺油	3.加油
切碎器三角带磨损严重	1.三角带长度不一致	1.调换
	2.三角带松紧度不当	2.调整
	3.摘辊间隙大	3.调整间隙

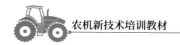

六、保养与存放

对玉米收获机进行认真仔细的维护保养和正确及时的润滑，以减轻机器的磨损，增加可靠性，并延长其使用寿命。

保养与存放的内容包括：

（1）搞好班次保养，检查和拧紧各部位紧固螺栓、螺母。

（2）及时清除黏附在机壳内的杂草、土块。

（3）经常检查粉碎器甩刀磨损情况，在磨损较大需调整时，必须用同质量的甩刀进行调换。

（4）注油时要擦净油嘴头，对开式传动齿轮应常浇机油。润滑点和润滑周期严格执行使用说明书规定。

（5）经常检查油的密封状态，发现漏油时要缩短润滑间隔时间。

（6）套筒滚子链要及时加润滑油，最好用毛刷每工作 3 ～ 5 天卸下链条并放在汽油中清洗一次，待干后再放在热油中浸 15 ～ 25 min。

（7）存放时应将粉碎器垫起，停放在干燥处，不得以地轮为支撑点。

七、培训与监督

参见第二章。

第四章

大豆机械化收获减损技术

本章内容适用于大豆机械化联合收获和分段收获。在一定区域内，大豆品种及种植模式应尽量规范一致，大豆及田块条件适于机械化收获，农机手应选择与大豆种植行距、适宜收获方式对应的收割机并提前检查调试好机具，确定适宜收获期，严格按照大豆机收作业质量标准和操作规程，注意安全生产，减少收获环节损失，提高生产作业质量和效率。

一、作业前机具检查调试

开始作业前要保持机具良好技术状态，预防和减少作业故障，提高工作质量和效率。应做好以下检查准备工作。

1.机具检查

驾驶操作前要检查各操纵装置功能是否正常；离合器、制动踏板自由行程是否适当；发动机机油、冷却液是否适量；仪表板各指示是否正常；轮胎气压是否正常；传动链、张紧轮是否松动或损伤，运动是否灵活可靠；检查和调整各传动皮带的张紧度，防止作业时皮带打滑；重要部位螺栓、螺母有无松动；有无漏水、渗漏油现象；割台、机架等部件有无变形等，机械收割保证刀片锋利，

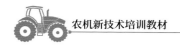

人工收割刀要磨快，减少损失。备足备好田间作业常用工具、零配件、易损件及油料等，以便出现故障时能够及时排除。

2. 试割

正式开始作业前要选择有代表性的地块进行试割。试割作业行进长度以 50 m 左右为宜，根据作物、田块的条件确定适合的作业速度，对照作业质量标准仔细检测试割效果（损失率、破碎率、含杂率，有无漏割、堵塞、跑漏等异常情况），并以此为依据对相应部件（如拨禾轮转速、拨禾轮位置、割刀频率、脱粒滚筒转速、脱粒间隙、导流板角度、作业速度、风机转速、风门开度、筛片开度、振动筛频率等）进行调整。调整后再进行试割并检测，直至达到质量标准和农户要求为止。作物品种、田块条件有变化时要重新试割和调试机具。试割过程中，应注意观察、倾听机器工作状况，发现异常及时解决。

二、确定大豆适宜收获期

准确判断确定适宜收获期，防止过早或过晚收获对大豆的产量和品质产生不利影响，实现大豆丰产增收。

1. 联合收获期的确定

机械联合收获的最佳收获期在黄熟期后至完熟期之间，此期间大豆籽粒含水率在 15% ～ 25%，茎秆含水率 45% ～ 55%，豆叶全部脱落，豆粒归圆，摇动大豆植株会听到清脆响声。

2. 分段收获期的确定

分段收获方式的最佳收获期为黄熟期，此时叶片脱落 70% ～ 80%，籽粒开始变黄，少部分豆荚变成原色，个别仍呈现青绿色。

3. 选择适宜作业时段

收割大豆应该选择早、晚时间段收割；避开露水时段，以免收获的大豆产生"泥花脸"；避开中午高温时段，以免炸荚造成损失。

三、减少大豆机收环节损失的措施

作业前要实地察看作业田块、种植品种、自然高度、植株倒伏、大豆产量等情况，调试好机具状态。作业过程中，严格执行作业质量要求，随时查看作业效果，发现损失变多等情况要及时调整机具参数，使机具保持良好状态，保证收获作业低损、高效。

（一）检查作业田块

检查并去除田里木桩、石块等硬杂物，了解田块的泥脚情况，对可能造成陷车或倾翻、跌落的地方做出标识，以保证安全作业。对地块中的沟渠、田埂、通道等予以平整，并将地里水井、电杆拉线、树桩等不明显障碍进行标记。

（二）选择合适的收获方式

东北春大豆及黄淮海夏大豆产区宜选择联合收获方式，南方大豆产区依据种植模式和天气情况，合理选择联合收获方式或分段收获方式。

1. 联合收获

采用联合收割机直接收获大豆，首选专用大豆联合收割机，也可以选用多用联合收割机或借用小麦联合收割机，但一定要更换大豆收获专用的挠性割台。大豆机械化收获时，要求割茬高度一般在 40 ～ 60 mm，要以不漏荚为原则，尽量放低割台。为防止炸荚损失，要保证割刀锋利，割刀间隙需符合要求，减少割台对豆秆的冲击和拉扯；适当调节拨禾轮的转速和高度，一般早期的豆秆含水率较高，拨禾轮转速可适当提高，晚期的豆秆含水率较低，拨禾轮转速需要相对降低，并对拨禾轮的轮板加橡皮等缓冲物，以减小拨禾轮对豆荚的冲击。在大豆收割机作业前，根据豆秆含水率、喂入量、破碎率、脱净率等情况，调整机器作业参数。一般调整脱粒滚筒转速为 500～700 r/min，脱粒间隙 30～35 mm。在收获时期，一天之内豆秆和籽粒含水量变化很大，同样应根据含水量和实际脱粒情况及时调整滚筒转速和脱粒间隙，降低脱粒破损率。要求割茬不留底荚，不丢枝，机收作业时按照《大豆联合收割机 作业质量》NY/T 738—2020 标准执行，损失率 ≤ 5%，含杂率 ≤ 3%，破碎率 ≤ 5%，茎秆切碎长度合格率 ≥ 85%，收割后的田块应无漏收现象。

2. 分段收获

分段收获有收割早、损失小、炸荚、豆粒破损和"泥花脸"少的优点。割晒放铺要求连续不断空，厚薄一致，大豆铺放与机车前进方向呈 30°角，大豆铺放在垄台上，豆秆与豆秆之间相互搭接，以防拾禾掉枝，做到底荚割净、不漏割，拣净，减少损失。割后 5～10 天，籽粒含水量在 15% 以下，及时拾禾脱粒。要求综合损失不超过 3%，拾禾脱粒损失不超过 2%，收割损失不超过 1%。

（三）选择适用机型

1. 北方春大豆产区

主要采用大型大豆联合收割机或改装后的大型自走式稻麦联合收割机。

2. 黄淮海夏大豆产区

主要采用中型的轮式大豆收割机或改装后的小麦联合收割机。

3. 南方大豆产区

主要采用小型履带式大豆联合收割机或改装后的水稻联合收割机。

4.机具调整

改装后的稻麦联合收割机用于收割大豆，应注意适合于大豆收割的关键作业部件更换和作业参数调整。

（1）大豆专用割台。更换适合于大豆收割的挠性割台，并依据收获大豆植株高度调整拨禾轮前后位置、上下位置，依据收获大豆底荚高度调整割台高度使割刀离地高度为 50 ～ 100 mm。

（2）脱粒分离系统。更换适合于大豆收获作业的脱粒分离系统，中小型联合收割机建议采用闭式弓齿脱粒滚筒，大型联合收割机建议采用"纹杆块 + 分离齿"复合脱粒滚筒，凹板筛建议采用圆孔凹板筛，脱粒滚筒与凹板筛在结构、尺寸上应做到匹配，确保脱粒间隙在 30 ～ 35 mm。

（3）清选系统。中小型联合收割机可采用常规鱼鳞筛，以调整风机转速、鱼鳞筛开度等清选作业参数为主，有条件的可改装导风板结构，增加风道数量至 3 个；大型联合收割机建议使用加长鱼鳞筛，有条件的可在筛面安装逐稿轮。

（4）籽粒输送系统。更换适合于大豆低破碎的输送系统，升运器建议采用勺链式升运器，复脱搅龙建议采用尼龙材质搅龙。

（四）正确开出割道

作业前必须将要收割的地块四角进行人工收割，按照机车的前进方向割出一个机位。然后，从易于机车下田的一角开始，沿着田的右侧割出一个割幅，割到头后倒退 5 ～ 8 m，然后斜着割出第二个割幅，割到头后再倒退 5 ～ 8 m，斜着割出第三个割幅；用同样的方法开出横向方向的割道。规划较整齐的田块，可以把几块田连接起来开好割道，割出三行宽的割道后再分区收割，提高收割效率。

（五）选择行走路线

行走路线最常用的有以下两种：

1. 四边收割法

对于长和宽相近、面积较大的田块，开出割道后，收割一个割幅到割区头，升起割台，沿割道前进 5～8 m 后，边倒车边向右转弯，使机器横过 90°，当割台刚好对正割区后，停车，挂上前进挡，放下割台，再继续收割，直到将大豆收完。

2. 左旋收割法

对于长宽相差较大、面积较小的田块，沿田块两头开出的割道，长方向割到割区头，不用倒车，继续前进，左转弯绕到割区另一边进行收割。

（六）选择作业速度

作业过程中应尽量保持发动机在额定转速下运转，机器直线行走，避免边割边转弯，压倒部分大豆造成漏割，增加损失。地头作业转弯时，不要松油门，也不可速度过快，防止清选筛面上的大豆甩向一侧造成清选损失，保证收获质量。若田间杂草太多，应考虑放慢收割机前进速度，减少喂入量，防止出现堵塞和大豆含杂率过高等情况。

（七）收割潮湿大豆

在季节性抢收时，如遇到潮湿大豆较多的情况，应经常检查凹板筛、清选筛是否堵塞，注意及时清理。有露水时，要等到露水消退后再进行作业。

（八）收割倒伏大豆

收获倒伏大豆时，可通过安装扶倒器和防倒伏弹齿装置，尽量减少倒伏大豆收获损失，收割倒伏大豆时应先放慢作业速度，原则上倒伏角小于 45° 时顺向作业；倒伏角 45°～60° 时逆向作业；

在倒伏角大于 60° 时，要尽量降低收割速度。

（九）规范作业操作

作业时应根据大豆品种、高度、产量、成熟程度及秸秆含水率等情况来选择作业挡位，用作业速度、割茬高度及割幅宽度来调整喂入量，使机器在额定负荷下工作，尽量降低夹带损失，避免发生堵塞故障。收割采用"对行尽量满幅"原则，作业时不要"贪宽"，收割机的分禾器位置应位于行与行之间，避免收割机的行走造成大豆的抛撒损失。

采用履带式收割机作业的时候，要针对不同湿度的田块对履带张紧度进行调整，泥泞地块适当调紧一些，干燥地块适当调松，以提高机具通过能力、减少履带磨损。要经常检查凹板筛和清选筛的筛面，防止被泥土或潮湿物堵死造成粮食损失，如有堵塞要及时清理。

（十）在线监测

有条件的可以在收割机上装配损失率、含杂率、破碎率在线监测装置，驾驶员根据在线监测装置提示的相关指标、曲线，适时调整行走速度、喂入量、留茬高度等作业状态参数，以保持低损失率、低含杂率、低破碎率的良好作业状态。

四、培训与监督

参见第二章。

第五章

保护性耕作技术

一、保护性耕作基本原理

保护性耕作是人类由不耕作到刀耕火种，由刀耕火种到汉代发明铧式犁进入传统人畜力耕作，由传统人畜力耕作到传统机械化耕作后的第四次农业耕作技术的革命。前三次革命，人类都是通过耕作干预自然、带来农业生产的一次次飞跃。特别是机械化的发展，人类掌握了强有力的耕作工具，成为"自然的主人"，可以随意改变土地的原有状态，提高劳动生产率和土地生产率。但是人类和自然的矛盾也越来越突出。比如耕翻作业除掉地面残茬杂草固然有利于播种，但同时也破坏了对地面的保护，导致土壤风蚀水蚀加剧。旋耕切碎土壤，创造了松软细碎的种床，但同时又消灭了土壤中的蚯蚓等生物，使土壤慢慢失去活性。耕作强度越大，土壤偏离自然状态越远，自然本身的保护功能、营养恢复功能就丧失越多，要维持土壤良好状态的代价就越大。近几十年来，我国机械耕作活动增强，农产品产量大幅度上升，但河流泛滥、沙尘暴猖獗、土壤退化、作业成本上升也是不争的事实。保护性耕作取消铧式犁翻耕，在保留地表覆盖物的前提下免耕播种，以保留土壤自我保护机能和营造机能，是机械化耕作由单纯改造自然，到利用自然，与自然协调发展农业生产的革命性变化。

另外，以往农业机械化就是提高劳动生产率和土地生产率，只要农业生产任务完成了，增产增收了，农业机械化就完成任务了。没有认识到农业机械化和资源与环境保护密切相关，机械化可以破坏环境，也可以保护环境。深耕深翻、开荒种地，发展了生产，也带来水土流失、环境恶化的问题，引起人们对机械化的质疑。但是，机械化也是治理环境的重要手段之一，如机械化秸秆还田减少焚烧秸秆导致的大气污染；覆盖减耕节约农业用水；保护性耕作治理沙尘暴；等等。因此，发展保护性耕作，可以认为是机械化由单纯承担生产任务向承担生产和环保任务的转折点，是一场机械化耕作技术的革命。

（一）保护性耕作定义

国外的保护性耕作定义：用大量秸秆残茬覆盖地表，将耕作减少到只要能保证种子发芽即可，主要用农药来控制杂草和病虫害。

我国的保护性耕作定义：对农田实行免耕、少耕，用作物秸秆覆盖地表，减少风蚀、水蚀，提高土壤肥力和抗旱能力的一项先进农业耕作技术。我国是在借鉴国际先进技术的同时，结合国情提出的。

保护性耕作的前身叫"免耕法"，随着研究的深入和推广的扩大，发现完全免耕只能适应部分土壤和自然条件，1980 年以后改称"保护性耕作法"。

（二）保护性耕作原理

耕作的目的是为作物生长创造良好的土壤条件，主要是疏松土壤、除草和翻埋肥料。除草可以用除草剂，也可以采取人工和机械除草。土壤有适合的容重、孔隙度，可以便于土壤中水、肥、气、热的交换流通，有利于作物根系生长，达到作物生产的需要。中国农业大学测定结果，一般的土壤总孔隙率要大于50%，充气孔隙率大于10%，才能较好地满足作物生长需求。

以"免耕法"为基础的保护性耕作是如何疏松土壤呢？保护性耕作松土原理可概括为以下内容。

1. 根系松土

根系松土见图5-1，作物的根系死亡腐烂后，留下大量孔道，可以进行水分入渗、运移，气体交换。免耕时间越长，孔道积累越多，对作物生长越有利。但经过翻耕，这些孔道就被破坏，好像多年建设的城市被炸弹炸毁了一样。所以，实施保护性耕作切忌经常翻耕。

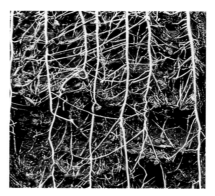

图5-1　根系松土

2. 蚯蚓松土

蚯蚓松土见图5-2，由于土壤长期未人工翻耕和植物大量根系的保留，为土壤中已有的生物活体生存繁衍提供了适宜的客观环境条件，如蚯蚓、微生物等。这样，蚯蚓在不断地制造孔道，所造孔道粗细适当，是很好的水、气、肥通道，有利于形成良好的耕层。根据中国农业大学的测定，传统耕作小麦地没

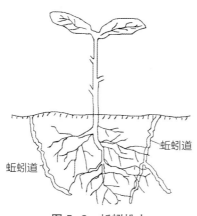

图5-2　蚯蚓松土

有蚯蚓，保护性耕作 6 年的麦地有蚯蚓 3 ～ 5 条 /m²，10 年以后有 10 ～ 15 条 /m²。澳大利亚实验站 15 年对比试验，少耕和免耕地的蚯蚓含量分别为 33 条 /m² 和 44 条 /m²，而传统耕作是 19 条 / m²。旋耕作业对蚯蚓有很大杀伤性，从这一观点看，保护性耕作不宜采用旋耕作业。

3. 胀缩松土

土壤冬冻春融、干湿交替使土壤在膨胀和收缩的自然过程中趋向疏松，孔隙度增加。

4. 结构松土

通过生物残茬碎秆混入、土壤团粒结构增加、微生物活跃、有利耕层疏松、稳定，不容易在降雨、灌水等影响下回实。保护性耕作由于有机质增多，耕作减少，有利于形成团粒结构。澳大利亚测试结果，保护性耕作 5 年的土地，土壤稳定团粒结构由 31% 提高到 49%，团粒结构增多，微孔隙增加，透气、透水性改善。

5. 深松松土

保护性耕作营造良好的土壤结构是个长期的过程，至少要 5 年以上。在这个过程中，如遇到机器压实、灌水沉实等情况，土壤板结的现象依然会出现，这时就需要进行机械深松，来消除土壤板结。

由以上可以看出，保护性耕作营造良好耕层的过程与传统耕作是完全不一样的。传统耕作依靠机械、物理的手段，立即改变土壤结构，创造需要的孔隙度，但由于机器压实、雨水拍击地表结壳，降雨或灌水引起的沉实，必须经常进行耕作，才能保持土壤疏松状态。保护性耕作的松土则是缓慢的、长期的过程，年复一年的积累，土壤中孔隙越来越多，团粒结构越来越多，不用外来的干预，即可长期保持疏松状态。但是在外力作用下也很容易遭到破坏。

（三）保护性耕作基本技术

实现保护性耕作须采用机械化这一先进的技术、装备及手段作为载体，目前，实施保护性耕作的机械化技术重点有四项，即：秸秆覆盖技术，免耕、少耕施肥播种技术，杂草及病虫害防治技术和深松技术。

1.秸秆覆盖技术

收获后秸秆和残茬留在地表做覆盖物，见图5-3，是减少水土流失、抑制扬尘的关键。因此，要尽可能多地把秸秆保留在地表，

图5-3　玉米秸秆覆盖的麦田

在进行整地、播种、除草等作业时要尽可能减少对覆盖的破坏。但是，长秸秆或秸秆覆盖量过多，可能造成播种机堵塞；秸秆堆积或地表不平，又可能影响播种均匀度，从而影响质量。因此，需要进行如秸秆粉碎、秸秆撒匀、平地等作业。

2.免耕、少耕施肥播种技术

与传统耕作不同，保护性耕作的种子和肥料要播施到有秸秆覆

图5-4　免耕播种作业

盖的地里，故必须使用特殊的免耕播种机。有无合适的免耕播种机是能否采用保护性耕作技术的关键。免耕播种是收获后未经任何耕作直接播种，见图5-4。少耕播种是指播前进行了耙地、松地或平地等表土作业，再用免耕播种机进行施肥、

播种，以提高播种质量。

3. 杂草及病虫害防治技术

保护性耕作条件下杂草和病虫相对容易生长，必须随时观察、发现问题、及时处理。北方旱区由于低温和干旱，几年观察尚未发现严重的病虫草害情况，一般一年喷一次除草剂，机械或人工锄草一次即可，病虫害主要靠农药拌种，有病虫害出现时喷杀虫剂。一年两熟地区由于土壤水分好、地温较高，病虫草害会严重一些。

4. 深松技术

保护性耕作主要靠作物根系和蚯蚓等生物松土，但由于作业时机具及人畜对地面的压实，有些土壤还是有疏松的必要，但不必每年深松。根据情况，2～4年松一次。对新采用保护性耕作的地块，可能有犁底层，应先进行一次深松，打破犁底层。深松是在地表有秸秆覆盖的情况下进行的，要求深松机有较强的防堵能力。

（四）保护性耕作机械化技术主要模式

1. 小麦玉米一年两作主要模式

玉米联合收获秸秆粉碎覆盖地表→机械深松（2～4年一次）→小麦免耕播种→田间管理和灌溉→小麦联合收获秸秆覆盖地表→玉米免耕播种→玉米田间管理和灌溉（有灌溉条件）。

2. 小麦玉米一年一作模式

机械深松（2～4年一次）→地表处理（视土壤容重和地表覆盖物情况而定）→小麦（玉米）免耕播种→喷洒除草剂→田间管理和灌溉（有灌溉条件）→小麦（玉米）联合收获秸秆覆盖地表。

（五）保护性耕作与土壤改良

1. 保护性耕作与土壤水分

（1）秸秆覆盖抑制了土壤水分蒸发。秸秆覆盖切断了土壤的毛管与大气之间的直接联系，减弱了土壤空气与大气之间的交换强度，有效抑制了土壤水分蒸发。同时，还可以防止土壤表层板结，提高土壤的入渗能力和持水能力。

秸秆覆盖还有"提墒"作用。由于秸秆覆盖使土壤上层温度降低，土壤蒸发减少，土壤水分向表层集聚，使表层土壤含水量明显提高。表层土壤经常保持湿润状态，不仅对作物吸收表层土壤养分有利，而且对播种出苗，特别是在干旱年份对抗旱播种出苗非常有利。

（2）免耕播种减少土壤水分蒸发。免耕播种减少了土壤耕作次数和耕翻量，对土壤翻动少，土壤水分蒸发面小，减少了土壤水分蒸发，土壤含水量增加。

小麦免耕播种作业后，土壤浅层形成虚实相间的耕层结构，旋耕的苗带成为土壤虚部，是水分蒸发的主要通道；未耕部分成为土壤的实部，表层有覆盖物，在土壤毛管浸润和蒸发动力作用下，实部提升土壤深层水，向苗带土壤缓缓供应，促进小麦生长发育。因此，保护性耕作具有协调土壤水分贮与供的矛盾，调节土壤耕层水分的作用。

小麦免耕播种镇压保墒提墒。小麦免耕播种作业后，对苗带进行了镇压，镇压不仅压碎坷垃、封闭裂隙、防止气态水分蒸发，而且可以使土粒紧密结合，恢复土壤毛管作用，使土壤水上升，起到提墒作用，保证小麦足墒出苗。

图5-5 深松作业

（3）深松增加土壤蓄水保墒能力，见图5-5。深松作业后，耕层内土壤呈疏松带与紧实带相间并存的状态，虚部在降雨时可使雨水迅速下渗；实部土壤毛管则保证水分上升，满足作物生长需要，深松在协调土壤蓄水和供水方面具有良好的效果。

2. 保护性耕作与土壤养分及结构

（1）秸秆覆盖增加土壤养分。农作物秸秆中含有大量的有机养分，据统计，秸秆中有机物含量约占总含量的 85%，秸秆腐烂后，大量有机物进入土壤，显著增加土壤有机质和土壤养分。据测算，每亩覆盖 300 kg 作物秸秆，以 30% 腐解率计算，这些秸秆经过分解进入耕层，相当 150 mm 土层内增加了 0.06% 的有机质。

（2）免耕保持了土壤肥力。免耕保持了土壤自然结构和水稳性团粒结构，降低了土壤通透性，好气性微生物活动减弱，减缓了土壤有机质分解，保持了土壤肥力。

（3）改善土壤结构。地表覆盖秸秆，可以使土壤表层免受雨滴直接冲击，保护表层土壤，减少细小土壤颗粒充填空隙，防止土壤板结。多年覆盖后土壤容重降低，孔隙度增加。

（六）保护性耕作机械化技术使用区域

保护性耕作机械化技术是从旱作节水农业技术发展而来的，适用于年降水量 600 mm 左右的半湿润偏干旱地区，在黄泛灌区和丘陵旱作区尤其适应。对于降水量较多（年降水量超过 900 mm）、土壤黏重的地区，以及土壤水分较大的涝洼地，慎重推广保护性耕作技术。

（七）保护性耕作的效益

1. 经济效益

（1）提高粮食产量。多年来示范推广证明，保护性耕作土壤水分和肥力显著增加，农作物抗旱、防寒能力显著提高，在相同管理条件下，小麦、玉米平均亩增产 7% ～ 10%。

（2）减少作业工序，降低机械作业成本。保护性耕作与传统耕

作相比，减少了秸秆处理、土壤耕翻整平等作业工序，每亩降低机械作业成本 30 元左右。

（3）增加农民收入。长期推广保护性耕作技术，可增加粮食产量收入 60 元／亩左右，降低生产成本 30 元／亩左右，节省灌溉 20 元／亩左右，农民实现增收节支 100 元／亩左右。

2. 社会效益

（1）促进农业可持续发展。保护性耕作提高土壤养分，改善土壤结构，节约水资源，保护农业生产环境，为农业生产提供有利条件，促进农业可持续发展。

（2）实现化肥深施，提高化肥肥效。小麦免耕播种可同时将化肥施到种子 50 mm 以下，在土壤深 100 mm 左右，化肥深施减少了肥效挥发，促进小麦苗期生长发育，有利冬前形成壮苗。据测算，化肥深施较传统撒施提高肥效 30% 左右。

（3）缩短农耗。保护性耕作减少了秸秆处理、土壤耕翻整平等作业环节，缩短了农业生产时间的无为消耗，延长了作物生长期，有利于选择高产优质品种。

（4）保护性耕作减少农田作业环节，节约生产用工，促进了劳动力转移，有利于社会经济的稳定发展。据测算，秋季生产，保护性耕作较传统耕作每亩可节约劳动力 2.5 个左右。

3. 生态效益

（1）节省灌溉用水。在灌溉条件下，保护性耕作土壤含水量较高，灌溉时，较少的灌水量就可以达到灌溉效果；另外，免耕播种后土壤层内仅部分松动，大部分土层结构紧实，灌溉时，水分入渗孔隙少，灌溉用水少。传统耕作第一遍灌溉一般需水 50 m³／亩，保护性耕作需水 30 m³／亩。

（2）提高水分利用效率。在旱作区，保护性耕作的蓄水保墒作用，有效提高了天然降水的利用效率。

（3）减少农业环境污染。长期推广应用保护性耕作技术，可降低化肥和农药施用量，减少对土壤和水资源的污染；同时，保护性耕作直接、简单、经济的方式，充分利用了大量农作物秸秆，杜绝了秸秆焚烧，减少了大气污染。

二、秸秆覆盖机械化技术

（一）秸秆覆盖机械化技术基本概念与要求

秸秆覆盖机械化技术就是指用机械作业的方式，将农作物的秸秆、残茬等有机物粉碎覆盖在土壤表面。秸秆覆盖机械化技术不同于秸秆还田机械化技术，秸秆还田机械化技术就是用机械将农作物秸秆粉碎覆盖地表，随机耕翻深埋，将秸秆快速转化为有机肥料，迅速培肥地力的一项实用技术。

1. 秸秆覆盖与秸秆还田的区别

目前，小麦秸秆大部分采用秸秆覆盖机械化技术，玉米秸秆主要采用秸秆还田机械化技术。从保护性耕作的观点看，玉米秸秆覆盖机械化技术与秸秆还田机械化技术区别较大，主要表现在以下几个方面。

（1）秸秆覆盖作业在小麦免耕播种后，秸秆大部分覆盖在土壤表面；秸秆还田作业在小麦播种前，大部分秸秆通过犁耕或旋耕与土壤充分混合。

（2）秸秆覆盖的目的是保护土壤；而秸秆还田的目的是快速培肥土壤。

（3）秸秆覆盖减少了土壤水分蒸发；而秸秆还田加速了土壤水分蒸发。

（4）覆盖的秸秆腐烂速度缓慢，逐渐吸收土壤速效氮；而还

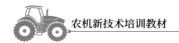

田的秸秆腐烂速度快，快速吸收土壤速效氮，有时需要向土壤补充氮素。

（5）秸秆覆盖后，小麦播种需要专用播种机，划开秸秆，切断根茬；秸秆还田耕作后，常规播种机可以播种，但播种质量不易保证，土壤镇压不实。

2.秸秆覆盖的标准

（1）秸秆覆盖量。秸秆覆盖量的多少，对保护性耕作效果有一定影响。试验表明，一年两作区小麦、玉米秸秆可全部粉碎覆盖，以实现土壤周年覆盖。秸秆如有其他用途，覆盖量应不少于作物秸秆总量的30%。

（2）秸秆覆盖率。免耕作业以后，地表覆盖率应不低于30%。

（3）高留茬覆盖。若采用高留茬覆盖，根茬高度应不低于200 mm。

3.秸秆覆盖机械化技术作业要求

图5-6　小麦秸秆覆盖

（1）小麦秸秆覆盖，见图5-6。玉米套播区，小麦联合收获后秸秆直接覆盖玉米行间，辅助人工作业，以不压不盖玉米苗为准；玉米直播区，为了提高玉米免耕直播质量，联合收割机可配备茎秆切碎器，使秸秆切碎长度≤ 150 mm；切断长度合格率≥ 90%；抛洒不均匀≤ 20%。

（2）玉米秸秆覆盖。秸秆切碎长度应≤ 100 mm；秸秆切碎合格率≥ 90%；抛撒不均匀率≤ 20%。除高留茬外，为给下茬作物播种创造良好的条件，秸秆覆盖需要按要求粉碎、均匀抛洒。在玉米联合收获程度不高的地区，可以小面积试验示范玉米整秸秆覆盖。

（二）秸秆覆盖作业机具及选择

1.小麦秸秆覆盖

小麦秸秆覆盖作业机具有小麦联合收割机、小麦联合收割机带秸秆切碎器、秸秆粉碎还田机等。小麦联合收割机是小麦秸秆覆盖作业的主要机具，其优点是作业效率高，省工、省时，发展趋势是进一步提升装备水平，小麦联合收割机配备秸秆切碎器，提高秸秆粉碎质量和抛撒均匀度。

2.玉米秸秆覆盖

玉米秸秆覆盖作业机具有玉米联合收获机、秸秆粉碎还田机、铡草机等。玉米联合收获机是玉米秸秆覆盖的重要作业机具，其优点是秸秆覆盖均匀，发展趋势是在提高作业效率和作业稳定性、可靠性的基础上，提高秸秆粉碎质量，为小麦免耕播种创造良好的条件。

三、免耕播种机械化技术

（一）免耕播种机械化技术的概念与技术要求

1.免耕播种机械化技术基本概念

免耕播种机械化技术就是用专用的播种机械，在收获后未经任何耕作的田间进行播种作业，见图 5-7。目前，主要有玉米、小麦两种作物的免耕播种。

玉米免耕直播就是在小麦收获后的地块上，不耕翻土壤，直接进行播种的作业方式。玉米直播可确保种植密度，增加玉米产量。

图 5-7 免耕播种

小麦免耕播种按采用的机械可分苗带旋耕播种、苗带松土播种、贴茬直播等。

苗带旋耕和苗带松土播种就是将小麦苗带土壤松动后播种，是少耕播种技术。

贴茬直播就是在未耕的土地上，进行直接开沟播种，是免耕播种。

目前，由于农民的接受程度和机械装备等问题，我们重点推广小麦苗带旋耕播种技术，今后，随着农民的接受程度和机械装备水平的提高，逐步推广小麦贴茬直播技术。

2. 免耕播种与旋耕播种的区别

目前，各地旋耕播种作业有一定的发展，旋耕播种是将土壤旋耕和常规播种两次作业合为一次。与小麦免耕相比，虽然也减少了作业环节和机械进地次数，也可以在秸秆覆盖的情况下作业，但这种作业不是免耕播种作业。

二者的区别在于：

免耕播种是指土壤仅部分耕翻，表层土壤虚实相间，苗带镇压较实。其特点灌溉时需水量少，地表裂隙小，秸秆覆盖地表，缓慢腐烂，减少水分蒸发，促进小麦生长发育。

旋耕播种是指土壤全部翻动。其特点灌溉用水量多，地表裂隙大；土壤与秸秆充分混合，秸秆腐烂快，表土层不易压实，土壤水分蒸发快，影响小麦生长发育。

3. 免耕播种技术标准

（1）免耕播种前，取消铧式犁或旋耕机对土壤的耕翻。播种时，地表动土量越少越好。

（2）播种后，种床内秸秆量尽可能少，为小麦出苗创造良好的条件，地表覆盖物不影响小麦生长发育。

（3）开沟、施肥、播种、镇压等多道工序尽可能一次完成，实现复式作业，减少机械对土壤的碾压破坏。

4.免耕播种技术要求

（1）玉米免耕播种作业：播种量 1.5 ～ 2.5 kg/ 亩；播种深度 30 ～ 50 mm。颗粒状化肥在沙土和干旱地区应适当增加用量；施肥在种子下方 40 ～ 50 mm。

（2）小麦免耕播种作业：播种量一般为 8 ～ 11 kg/ 亩，播种深度 20 ～ 30 mm。颗粒状化肥播量一般为 30 ～ 50 kg/ 亩，种子在上肥料在下，种肥间距 ≥ 50 mm，做到不漏播、不重播、播深一致、落籽均匀、覆盖严密。行距 150 ～ 300 mm。

（3）选种与处理：选择优良品种，并对种子进行精选处理，要求种子的净度不低于 98%，纯度不低于 97%，发芽率达 95% 以上。播前应适时对所用种子进行药剂拌种或浸种处理。

（4）作业质量：播种量按农艺要求范围上限误差 ≤ 0.5%、下限误差 ≤ 3%。种子机械破碎率 ≤ 0.5%，播种深度合格率 ≥ 75%。地头起落整齐，地头宽度为播种机的 2 ～ 4 倍。

（二）免耕播种机具选择

玉米免耕播种机按排种器分类，主要有转勺式、指夹式、气吸式；按播种行数分类，主要有 2 行、3 行和 4 行免耕播种机，可根据当地情况购置。

小麦免耕播种机主要有带状旋耕播种机，山东奥龙农机公司、山东大华农机公司、山东颐元农机公司等企业生产的系列小麦免耕施肥播种机，见图 5-8，经过多年的改进，稳定

图 5-8 小麦免耕播种机

性、可靠性比较高。

（三）小麦免耕播种技术应用注意事项

1. 秸秆、土杂肥均匀撒施地表

玉米秸秆最好在直立状态下粉碎覆盖地表，作业一遍即可；秸秆人工割倒后，机械粉碎易使地表覆盖不均，造成播种机作业堵塞；土杂肥应均匀抛撒于地表。

2. 种子品种选择

选择抗旱、抗倒伏、分蘖能力强的优质品种。播前清选、晾晒、拌种或包衣处理。农业专家推荐适合免耕播种的品种有济麦19、济麦20、鲁麦21、烟农19、烟农23、烟农24等。

3. 足墒播种

免耕播种时墒情要好，确保苗全苗齐，若墒情差，可造墒播种。小麦出苗前不宜灌水，否则，易使垄上覆盖的土层下滑，增加沟内覆盖厚度，影响出苗。

4. 施足底肥

播种时，尽可能一次施足底肥，肥料最好选择颗粒状的复合、复混肥。若田间发生点片黄苗现象，可随灌冬水补充氮肥。保护性耕作实施第一年不要降低化肥施用量，2～3年后，根据土壤有机质和速效养分含量，可以适当减少化肥施用量。

5. 控制播深

小麦适宜播种深度20～30 mm，有些机手追求高垄、深沟，较易播深。据检测，有的地块播种深度达到60～70 mm，影响了小麦出苗分蘖。

6. 提倡冬水带肥灌溉

有灌溉条件的地方，在墒情较差的年份，提倡冬水带肥灌溉，对于麦苗冬前群体不足的地块尤为重要。

四、深松机械化技术

（一）深松机械化技术的基本概念

深松机械化技术就是利用机械措施实现超过常规耕层深度、上下土层基本不乱的松土作业。深松可以打破犁底层，改善土壤结构。

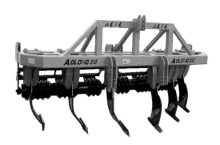

图5-9　深松机

目前土壤深松机主要有全方位深松机和局部深松机两种。局部深松机又分为单柱凿铲式、单柱带翼式、单柱振动凿铲式等，见图5-9。

（二）深松方式与机具选择

机械化深松的方式分为两种：全方位深松与局部深松。

全方位深松作业后耕深内土壤比较均匀疏松，但动力消耗大，动土量多，效率低、作业成本高，全方位深松是配合农用基本建设，改造较浅耕层黏质硬土的有效措施。

局部深松可以形成虚实相间的耕层结构，有利于蓄水保墒，动土量少，效率高，作业成本低，消耗动力较小。

鉴于旱作农业开发的经验，结合保护性耕作试验示范情况，小麦玉米一年两作保护性耕作机械深松作业，推荐选择单柱振动凿铲式深松机，在小麦播前进行。

（三）深松的要求与作业质量

（1）作业时土壤含水量应在15%～22%。

（2）根据土壤条件和土壤压实情况，一般2～4年深松一次。

（3）深松稳定性变异系数≤20%，深松作用宽度≥4/5深松

深度。

（4）小麦播前深松：选用单柱振动凿铲式或单柱带翼式深松机进行下层间隔深松，表层全面深松，深松间隔 400 ～ 600 mm，深松深度 250 ～ 300 mm。

五、病虫草害综合防治技术

（一）小麦、玉米主要病虫草害的综合防治

1. 小麦病虫草害综合防治技术

小麦病虫草害综合防治技术：充分利用农业、物理和生物等措施，增强小麦抗逆和抗病、抗虫能力，降低病虫草基数，切断病原物的传播途径；注意保护和利用自然天敌控制害虫数量；根据田间调查以及常年病虫草情，结合天气、小麦苗情，综合病虫草害发生的条件，做出病虫草害发生、流行、为害的准确测报，依据防治指标，掌握小麦病虫草害敏感期和小麦病虫草害发生的初期、盛期，选用高效、低毒农药科学防治。

2. 玉米病虫草害综合防治技术

玉米病虫草害综合防治技术：充分利用品种自身对病虫害的抗性；根据田间调查及往年虫情、病情和草情，结合天气、苗情，做出准确预测预报，采取合理的预防措施；通过农业措施提高玉米抗性；通过机械措施减低病原菌和害虫基数，抑制其发生的因素；利用非农药技术控制病虫草害，注意保护和利用自然天敌控制害虫数量，摒弃"见虫打药"的思想；合理选用高效低毒农药，进行及时合理防治。

（二）喷药机具的选用

根据地块大小和当地实际情况，可选用背负式电动喷雾器、喷杆式喷雾器或植保飞机。

第六章

学习题库

一、理论知识学习大纲

理论知识复习内容主要包括五项。第一项是职业道德，包括职业道德基本知识、职业守则等，考核知识点按照顺序编号为100N。第二项是基础知识，包括常用金属和非金属材料的种类、牌号、性能及用途，常用油料的牌号、性能与用途，常用标准件的种类、规格与用途，常用工具的使用，机械制图，加工工艺，机械常识等，考核知识点按照顺序编号为200N。第三项是拖拉机及其配套农机具、谷物联合收获机知识，包括拖拉机、谷物联合收获机的总体构造与功用，发动机的总体构造与功用，拖拉机配套农机具的种类与功用等，本项是理论知识考核的重点内容，考核知识点按照顺序编号为300N。第四项是保护性耕作技术等，考核知识点按照顺序编号为400N。第五项是相关法律、法规知识，包括农业机械产品修理、更换、退货责任规定的相关知识，农机安全监理法规的相关知识，拖拉机安全运行相关技术标准，道路交通法规的相关知识，环境保护法规的相关知识等，考核知识点按照顺序编号为500N。

二、理论知识练习题

（一）单项选择题

1001 我国社会主义道德建设的原则是（　　）。

（A）集体主义　　（B）自由主义

（C）功利主义　　（D）利己主义

参考答案：A

1002 我国社会主义道德建设的核心是（　　）。

（A）诚实守信　　（B）办事公道

（C）艰苦奋斗　　（D）为人民服务

参考答案：D

1003 我国职业道德建设规范是（　　）。

（A）以人为本、解放思想、实事求是、与时俱进、促进和谐

（B）爱岗敬业、诚实守信、办事公道、服务群众、奉献社会

（C）文明礼貌、勤俭节约、团结互助、遵纪守法、开拓创新

（D）求真务实、开拓创新、艰苦奋斗、服务人民、促进发展

参考答案：B

1004 关于道德评价，正确的说法是（　　）。

（A）道德评价是一种纯粹的主观判断，没有客观依据和标准

（B）每个人都可以对他人进行道德评价

（C）领导的道德评价具有权威性

（D）对一种行为进行道德评价，关键看其是否符合社会道德规范

参考答案：D

1005 关于道德与法律，正确的说法是（　　）。

（A）由于道德不具备法律那样的强制性，所以道德的社会
功用不如法律

（B）在人类历史上，道德与法律同时产生

（C）在一定条件下，道德与法律能够相互作用

（D）在法律健全完善的社会，不需要道德

参考答案：C

1006 职业道德的"五个要求"，既包含基础性的要求，也有较高的要求。其中，最基本的要求是（　　）。

（A）爱岗敬业　　（B）办事公道

（C）服务群众　　（D）诚实守信

参考答案：A

1007 加强职业道德修养的方式不包括（　　）。

（A）跳槽

（B）提高员工职业技能

（C）提高劳动生产率

（D）增强企业凝聚力

参考答案：A

1008 在职业活动中主张个人利益高于他人利益、集体利益和国家利益的思想属于（　　）。

（A）极端个人主义　　（B）拜金主义

（C）无政府主义　　（D）享乐主义

参考答案：A

1009 齐家、治国、平天下的先决条件是（　　）。

（A）节俭　　（B）修身

（C）诚信　　（D）勤奋

参考答案：B

1010 关于道德，准确的说法是（　　）。

（A）做事符合他人利益就是有道德

（B）道德就是做事只为别人着想

（C）道德因人、因时而异，没有确定的标准

（D）道德是处理人与人、人与社会、人与自然之间关系的特殊行为规范

参考答案：D

1011 下列选项中（　）是做人的起码要求，也是个人道德修养境界和社会道德风貌的表现。

（A）文明礼让　　（B）尊老爱幼

（C）邻里团结　　（D）保护环境

参考答案：A

1012 下列关于职业道德修养的说法正确的是（　）。

（A）职业道德修养对一个从业人员的职业生涯影响不大

（B）职业道德修养是从业人员的立身之本，成功之源

（C）职业道德修养是从业人员获得成功的唯一途径

（D）职业道德修养是国家和社会的强制规定，个人必须服从

参考答案：B

1013 与法律相比，道德（　）。

（A）内容上显得十分笼统　　（B）适用范围更广

（C）产生的时间晚　　（D）没有评价标准

参考答案：B

1014 下列选项中（　）既是一种职业精神，又是职业活动的灵魂，还是从业人员的安身立命之本。

（A）敬业　　（B）公道　　（C）细心　　（D）节约

参考答案：A

1015 关于跳槽现象，正确的看法是（　）。

（A）跳槽对每个人的发展既有积极意义，也有不利的影响，

应慎重

（B）跳槽有利而无弊，能够开阔从业者的视野，增长才干

（C）跳槽完全是个人的事，国家企业都无权干涉

（D）择业自由是人的基本权利，应该鼓励跳槽

参考答案：A

1016 一些人不断地从一家公司跳槽到另一家公司，说明这些从业人员（　）。

（A）缺乏理想信念　　（B）缺乏敬业精神

（C）缺乏感恩意识　　（D）缺乏奉献精神

参考答案：B

2001 碳素钢不包含下列哪种（　）。

（A）低碳钢　　（B）中碳钢

（C）高碳钢　　（D）合金结构钢

参考答案：D

2002 合金钢不包含下列哪种（　）。

（A）合金结构钢　　（B）高碳钢

（C）合金工具钢　　（D）特殊性能钢

参考答案：B

2003 低碳钢的含碳量（　）。

（A）小于0.25%　　（B）0.25%～0.6%

（C）0.25%～0.5%　　（D）0.6%以上

参考答案：A

2004 中碳钢的含碳量（　）。

（A）小于0.25%　　（B）0.25%～0.6%

（C）0.25%～0.5%　　（D）0.6%以上

参考答案：B

2005 高碳钢的含碳量（　　）。

（A）小于 0.25%　　（B）0.25%～0.6%

（C）0.25%～0.5%　　（D）0.6% 以上

参考答案：D

2006 低碳钢的主要性能是（　　）。

（A）韧性、塑性好，易成型、易焊接，但强度、硬度低

（B）韧性、塑性稍低，强度、硬度稍低

（C）硬度高，脆性大

（D）韧性、塑性好，硬度高，脆性大

参考答案：A

2007 中碳钢的主要性能是（　　）。

（A）韧性、塑性好，易成型、易焊接，但强度、硬度低

（B）韧性、塑性稍低，强度、硬度稍低

（C）硬度高，脆性大

（D）韧性、塑性好，硬度高，脆性大

参考答案：B

2008 高碳钢的主要性能是（　　）。

（A）韧性、塑性好，易成型、易焊接，但强度、硬度低

（B）韧性、塑性稍低，强度、硬度稍低

（C）硬度高，脆性大

（D）韧性、塑性好，硬度高，脆性大

参考答案：C

2009 灰铸铁的特点是（　　）。

（A）铸铁中碳以片状石墨存在，断口为灰色

（B）铸铁中碳以化合物状态存在，断口为白色

（C）铸铁中碳以圆球状石墨存在

（D）铸铁中石墨以团絮状存在

参考答案：A

2010　白口铸铁的特点是（　　）。

（A）铸铁中碳以片状石墨存在，断口为灰色

（B）铸铁中碳以化合物状态存在，断口为白色

（C）铸铁中碳以圆球状石墨存在

（D）铸铁中石墨以团絮状存在

参考答案：B

2011　球墨铸铁的特点是（　　）。

（A）铸铁中碳以片状石墨存在，断口为灰色

（B）铸铁中碳以化合物状态存在，断口为白色

（C）铸铁中碳以圆球状石墨存在

（D）铸铁中石墨以团絮状存在

参考答案：C

2012　可锻铸铁的特点是（　　）。

（A）铸铁中碳以片状石墨存在，断口为灰色

（B）铸铁中碳以化合物状态存在，断口为白色

（C）铸铁中碳以圆球状石墨存在

（D）铸铁中石墨以团絮状存在

参考答案：D

2013　黄铜是（　　）。

（A）铜与锌的合金　　（B）铜与铁的合金

（C）铜与锡的合金　　（D）铜与钙的合金

参考答案：A

2014　青铜是（　　）。

（A）铜与锌的合金　　（B）铜与铁的合金

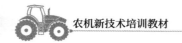

（C）铜与锡的合金 （D）铜与钙的合金

参考答案：C

2015 工程塑料的主要性能除具有塑料的通性之外，还有（ ）。

（A）一定的强度和刚性，耐高温及低温性能较通用塑料好

（B）弹性高，绝缘性和耐磨性好，但耐热性低，低温时发脆

（C）抗热和绝缘性能好，耐酸碱，不腐烂、不燃烧

（D）弹性高，低温时发脆，不腐烂、不燃烧

参考答案：A

2016 橡胶的主要性能有（ ）。

（A）除具有塑料的通性之外，还有相当的强度和刚性，耐高温及低温性能较通用塑料好

（B）弹性高，绝缘性和耐磨性好，但耐热性低，低温时发脆

（C）抗热和绝缘性能好，耐酸碱，不腐烂、不燃烧

（D）弹性高，低温时发脆，不腐烂、不燃烧

参考答案：B

2017 石棉的主要性能有（ ）。

（A）除具有塑料的通性之外，还有相当的强度和刚性，耐高温及低温性能较通用塑料好

（B）弹性高，绝缘性和耐磨性好，但耐热性低，低温时发脆

（C）抗热和绝缘性能好，耐酸碱，不腐烂、不燃烧

（D）弹性高，低温时发脆，不腐烂、不燃烧

参考答案：C

2018 工程塑料的主要用途是能制造（ ）。

（A）仪表外壳、手柄、方向盘、管接头等

（B）轮胎、皮带、皮碗、阀垫、软管

（C）密封、隔热、保温、绝缘和制动材料，如制动带

（D）气缸体、气缸盖、活塞、飞轮

参考答案：A

2019　橡胶的主要用途是能制造（　　）。

（A）仪表外壳、手柄、方向盘、管接头等

（B）轮胎、皮带、皮碗、阀垫、软管

（C）密封、隔热、保温、绝缘和制动材料，如制动带

（D）气缸体、气缸盖、活塞、飞轮

参考答案：B

2020　石棉的主要用途是能制造（　　）。

（A）仪表外壳、手柄、方向盘、管接头等

（B）轮胎、皮带、皮碗、阀垫、软管

（C）密封、隔热、保温、绝缘和制动材料，如制动带

（D）气缸体、气缸盖、活塞、飞轮

参考答案：C

2021　划线分（　　）两类。

（A）曲面划线和立体划线　　（B）平面划线和立体划线

（C）平面划线和曲面划线　　（D）平面划线和锥面划线

参考答案：B

2022　合理地选择（　　）是做好划线工作的关键。

（A）划线基准　　（B）划线图样

（C）划线工具　　（D）装配基准

参考答案：A

2023　在选择划线基准时，应首先分析图样，找出设计基准，使划
　　　线基准与设计基准（　　）。

（A）完全不同（B）尽量一致（C）完全一致（D）尽量不同

参考答案：B

2024 在使用锉刀时应注意（　　）。

（A）用完应用钢丝刷逆着锉纹刷去铁屑

（B）双面反复交替使用

（C）可用粗锉刀代替细锉刀

（D）锉刀不能沾水和沾油

参考答案：D

2025 修整一圆柱体中的小方通孔面时，应选用（　　）进行锉削。

（A）三角锉　　　（B）小方锉

（C）平板锉　　　（D）菱形锉

参考答案：B

2026 锉齿的粗细用锉纹号表示，号码越小，锉齿越（　　）。

（A）细　　　　　（B）粗

（C）小　　　　　（D）大

参考答案：B

2027 钻孔时需注入充足的切削液，目的是（　　）。

（A）起冷却和排屑作用　　（B）起冷却和润滑作用

（C）起清洗和润滑作用　　（D）起冷却和清洗作用

参考答案：B

2028 钻孔清除切屑要用（　　　　），并尽量在停机时进行。

（A）手工　　　　　　（B）嘴吹

（C）钩子和刷子　　　（D）砂纸

参考答案：C

2029 螺纹 M20×1.5 表示（　　）。

（A）标准普通粗牙螺纹，外径 20 mm，螺距 1.5 mm

（B）标准普通粗牙螺纹，内径 20 mm，螺距 1.5 mm

（C）标准普通细牙螺纹，内径 20 mm，螺距 1.5 mm

（D）标准普通细牙螺纹，外径 20 mm，螺距 1.5 mm

参考答案：D

2030　台虎钳的规格以（　　），常用规格有 100 mm、125 mm、150 mm 等。

（A）钳口宽度来表示　　（B）钳口深度来表示

（C）钳口长度来表示　　（D）钳身的高度来表示

参考答案：A

2031　用砂轮机磨削时，操作者应站在砂轮机的（　　）。

（A）正面　　　　（B）后面

（C）任何位置　　（D）侧面或斜侧面

参考答案：D

2032　攻螺纹时，每旋转 1/2 ～ 1 圈时就应倒转（　　）圈。

（A）1/5 ～ 1　　（B）1/2 ～ 3/4

（C）1/4 ～ 1/2　（D）1/6 ～ 1/3

参考答案：C

2033　轴类零件矫直时，应用（　　）检查轴的弯曲情况，边矫直边检查，直到符合要求为止。

（A）百分尺　　（B）界限量规

（C）百分表　　（D）游标卡尺

参考答案：C

2034　板牙是加工外螺纹的工具，它是由（　　）组成。

（A）切削部分和校准部分

（B）工作部分和校准部分

（C）校准部分和柄架

（D）切削部分和柄架

参考答案：A

2035 板牙是加工（ ）的工具。

（A）扩孔　　　（B）内螺纹

（C）钻孔　　　（D）外螺纹

参考答案：D

2036 在下面的图样比例中（ ）表示图形被扩大。

（A）2：1　　　（B）1×10n

（C）1：2　　　（D）1：1

参考答案：A

2037 测量长度超过 1 m 的工作应选用（ ）来测量。

（A）游标卡尺　　　（B）折尺

（C）钢尺　　　　　（D）千分尺

参考答案：C

2038 深度游标卡尺用来测量（ ）。

（A）厚度　　　　　（B）孔和槽的深度

（C）进行精密划线　（D）外径

参考答案：B

2039 用厚薄规测量一间隙，如 0.03 mm 能塞入，而 0.04 mm 的不能塞入，则这一间隙应（ ）。

（A）在 0.03 mm 以下　　　（B）在 0.04 mm 以上

（C）0.03～0.04 mm　　　　（D）是 0.04 mm

参考答案：C

2040 一般情况下，使用厚薄规测量间隙最多不超过（ ）片。

（A）1　　　（B）2

（C）3　　　（D）4

参考答案：C

2041 测量气门间隙应选用（ ）。

（A）高度游标卡尺　　　（B）游标卡尺

（C）厚薄规　　　　　　（D）钢尺

参考答案：C

2042 零件图的技术要求是用数字、规定的符号或文字，说明制造
和（　）时应达到的要求。

（A）保养　　（B）修理

（C）装配　　（D）检验

参考答案：D

2043 三视图属于（　）视图。

（A）主视　　（B）基本

（C）局部　　（D）剖视

参考答案：B

2044 零件图的内容包括（　）视图、零件尺寸、技术要求和标
题栏。

（A）左视　　（B）一组

（C）主视　　（D）剖视

参考答案：B

2045 在零件图中，读视图时，首先应看反映形体特征的（　）。

（A）主视图　　（B）右视图

（C）剖面图　　（D）左视图

参考答案：A

2046 在三视图的形成中，由前面投影，在正面上所得的图形叫
（　）。

（A）右视图　　（B）正投影

（C）左视图　　（D）主视图

参考答案：D

2047 读零件图时，要看清尺寸，把握主次，通过看尺寸可以进一步了解零件的（　　）。

（A）大小及其结构　　（B）尺寸精度

（C）全貌　　　　　　（D）加工工艺

参考答案：A

2048 看装配图的方法和步骤：一是概括了解，二是（　　）。

（A）看标题栏　　　　（B）看装配尺寸

（C）分析视图　　　　（D）看加工工艺

参考答案：C

2049 零件图中的视图应能完整、清晰地表达出零件的（　　）。

（A）尺寸　　　　　　（B）制造、检验时的要求

（C）结构形状　　　　（D）性能要求

参考答案：C

2050 机油属于（　　）润滑剂。

（A）液体　　（B）半液体

（C）气体　　（D）固体

参考答案：A

2051 润滑剂的种类可分为（　　）。

（A）液体润滑剂，气体润滑剂，固体润滑剂

（B）半流体润滑剂，液体润滑剂，固体润滑剂

（C）半液体润滑剂，液体润滑剂，润滑脂

（D）液体润滑剂，半液体润滑剂，气体润滑剂，固体润滑剂

参考答案：D

2052 润滑脂的牌号主要根据（　　）来划分。

（A）沸点　（B）凝点　（C）黏度　（D）锥入度

参考答案：D

2053　对于多尘工作环境的机械，可选用（　　），以利于密封。

（A）半液体润滑剂　　　（B）润滑脂

（C）液体润滑剂　　　　（D）气体润滑剂

参考答案：B

2054　对于相对滑动速度较高的运动副，宜选用（　　）的润滑油，以减小油膜间由于内摩擦而引起的功率损耗。

（A）黏度较小　　　　　（B）黏度较大

（C）油性较好　　　　　（D）油性较差

参考答案：B

2055　液压油是液压系统中借以传递（　　）的工作介质。

（A）运动　　　　　　　（B）动量

（C）能量　　　　　　　（D）热量

参考答案：C

2056　润滑油黏度越高，流动性越差，润滑油不能被输送到运动件的间隙中，会（　　）磨损。

（A）增加　　　　　　　（B）减少

（C）降低　　　　　　　（D）稳定

参考答案：A

2057　在低速或轴承负荷大时均应选用黏度（　　）的润滑油。

（A）低　　　　　　　　（B）中

（C）高　　　　　　　　（D）极高

参考答案：C

2058　钙钠基润滑脂适用于（　　）情况下使用。

（A）高温　　　　　　　（B）低温

（C）0℃以下　　　　　（D）0℃以上

参考答案：A

2059　在装硬水的桶内放入一定数量的磷酸三钠，搅拌至完全溶解，这种水叫（　　）。

（A）净水　　（B）软化水　　（C）蒸馏水　　（D）纯水

参考答案：B

2060　两个相互接触而又有（　　）的零件，在接触表面上产生的相互作用称为摩擦。

（A）相对固定　　　　（B）相对运动

（C）连接　　　　　　（D）绝对连接

参考答案：B

2061　在一定时期内零件磨损量（　　）允许值时，称为正常磨损。

（A）不大于　　　　　（B）不小于

（C）大于或等于　　　（D）大于

参考答案：A

2062　事故磨损主要是由于（　　）造成的。

（A）对机械维护和保养不良　（B）操作不当

（C）机器组合不合理　　　　（D）零件本身或设计的缺点

参考答案：A

2063　机械磨损主要是由（　　）的零件表面间的摩擦而引起的。

（A）相对运动　　　　（B）相对运动或联系

（C）相互连接　　　　（D）相对静止

参考答案：A

2064　一般情况下，当零件在冲击性的交变载荷作用下工作时，其磨损形式表现为（　　）。

（A）擦伤、剥落或脱层　　　（B）擦伤或剥落

（C）剥落或脱层　　　　　　（D）擦伤或脱层

参考答案：C

2065 带传动是依靠传动带与带轮之间的（   ）来传递运动。

（A）拉力   （B）压力

（C）张紧力   （D）摩擦力

参考答案：D

2066 当过载时，传动带与带轮之间可以发生（   ）而不致损害任何零件，起过载保护作用（同步齿形带除外）。

（A）相对错动

（B）塑料变形

（C）相对滑动

（D）弹性变形

参考答案：C

2067 带传动类型有（   ）和同步齿形带等。

（A）梯形带、三角带、环形带

（B）平形带、三角带、环形带

（C）梯形带、三角带、圆形带

（D）平形带、三角带、圆形带

参考答案：C

2068 润滑脂存放防止日晒雨淋，灰沙侵入，最好存放在（   ）的地方。

（A）阴凉干燥   （B）阴暗潮湿

（C）阴凉潮湿   （D）露天潮湿

参考答案：A

2069 水冷式内燃机冷却系加水时，必须使用（   ）。

（A）井水   （B）河水

（C）软化水   （D）硬水

参考答案：C

2070 三角带是以其（　）作为标准长度。

（A）直径　　　　　　（B）展开长度

（C）内周长　　　　　（D）外周长

参考答案：C

2071 常见的链传动是安装在相互平行的主动轴与从动轴上的
（　）组成。

（A）两个链轮组　　　（B）两个链轮和链

（C）两条链　　　　　（D）两个链轮和两条链

参考答案：B

2072 链传动靠链和链轮轮齿的啮合来传递运动和动力，它能保证
两个链轮间的平均传动比是（　）。

（A）常数　　　　　　（B）变数

（C）增大或减小　　　（D）瞬时不变

参考答案：A

2073 轴承代号308，表示轴承内径为（　）。

（A）30 mm　　　　　（B）8 mm

（C）40 mm　　　　　（D）80 mm

参考答案：C

2074 普通螺栓连接的螺栓与零件之间一般存在间隙，常用于连接
（　）的零件。

（A）很薄　　　　　　（B）不太厚

（C）比较厚　　　　　（D）很厚

参考答案：B

2075 螺栓连接在拧紧时要控制好拧紧力矩，避免使螺栓发生
（　）而伸长。

（A）伸长或压缩变形　（B）扭转变形

（C）塑性变形　　　（D）弹性变形

参考答案：C

2076　螺纹连接防松的根本问题在于防止螺纹副的（　　）。

（A）相对移动　　　（B）相对错动

（C）相对滑动　　　（D）相对转动

参考答案：D

2077　螺纹连接中，螺母拧入螺栓紧固后，螺栓应高出螺母表面（　　）。

（A）2个螺距　　　（B）1.5个螺距

（C）2 mm　　　　（D）1.5 mm

参考答案：B

2078　键的种类主要有（　　）。

（A）单键、花键、平键

（B）平键、楔键、半圆键、切向键

（C）单键、花键、半圆键

（D）单键、花键、特制键

参考答案：B

2079　能够转换能量或完成有用机械功的机构或几个机构的组合，称为（　　）。

（A）机器　　　（B）机件

（C）机械　　　（D）构件

参考答案：C

2080　一般来说，机械都由原动部分、工作部分和（　　）组成的。

（A）传动部分　　　（B）运动部分

（C）悬挂部分　　　（D）运转部分

参考答案：A

2081 机械中工作部分是直接实现工艺动作的部分，位于整个传动路线的（　　），完成机械预定的动作。

（A）首端　　　　　（B）中间

（C）终点　　　　　（D）任意位置

参考答案：C

2082 链传动中，（　　）润滑必须采用密封的外罩。

（A）油壳或油刷、滴油和油浴

（B）滴油、油浴和飞溅

（C）飞溅、压力和滴油

（D）油浴、飞溅和压力

参考答案：D

2083 链传动中采用甩油盘将油甩起的润滑方式是（　　）。

（A）滴油润滑　　　（B）压力润滑

（C）飞溅润滑　　　（D）油浴润滑

参考答案：C

2084 组成机械构件的零件最少为（　　）个。

（A）1　　　（B）2　　　（C）3　　　（D）4

参考答案：A

2085 零件是指机械中每个单独加工的（　　）。

（A）单位　　　　　（B）单元

（C）个体　　　　　（D）单件

参考答案：B

2086 曲轴与连杆、连杆瓦的连接是（　　）。

（A）转动副　　　　　（B）移动副

（C）空间运动副　　　（D）高副

参考答案：A

2087 机器的总效率等于串联组成该机器的各机构的效率的（　　）。

（A）连加　　　　（B）连减

（C）连乘积　　　（D）连除

参考答案：C

2088 机器的生产过程是由原材料变为（　　）的全部过程。

（A）毛坯　　　　（B）半成品

（C）成品　　　　（D）零件

参考答案：C

2089 机械制造工艺过程一般是指零件的机械加工工艺过程和（　　）。

（A）生产过程

（B）拆装工艺过程

（C）装配工艺过程

（D）装运工艺过程

参考答案：C

2090 传动机构的作用是传递运动和能量、改变运动速度和（　　）。

（A）运动方向　　　（B）运动状态

（C）周期　　　　　（D）运动形式

参考答案：A

2091 只具备各自特点的，能够变换运动的基本结合体统称为（　　）。

（A）零件　　　　（B）机器

（C）机械　　　　（D）机构

参考答案：D

2092 装配工艺过程是指按规定的技术要求，将零件或部件进行配合和连接，使之成为（　　）的工艺过程。

（A）构件　　　（B）成品

（C）半成品　　（D）成品和半成品

参考答案：D

2093　加工精度是零件加工后的实际几何参数与理想几何参数的符合程度，符合程度越高，加工精度（　　）。

（A）越低　　（B）越高　　（C）一般　　（D）降低

参考答案：B

2094　加工误差是零件加工后的实际几何参数对理想几何参数的（　　）程度。

（A）偏离　　（B）符合　　（C）精确　　（D）控制

参考答案：A

2095　在制定工艺规程时，一般按产品同种零件的（　　）来确定生产类型。

（A）年产量　　　　（B）季产量

（C）月产量　　　　（D）日产量

参考答案：A

2096　在机械加工中，工件加工精度的高低取决于（　　）工艺误差的大小。

（A）整个　　（B）部分　　（C）某项　　（D）每项

参考答案：A

2097　在机械加工中由机床、夹具、刀具和工件所组成的统一体称为（　　）。

（A）加工工艺　　　　（B）加工

（C）工艺系统　　　　（D）加工系统

参考答案：C

3001　曲轴每旋转2周，活塞往复2次，完成（　　）一个工作循环的发动机，叫作四行程发动机。

（A）进气、压缩、作功、排气

（B）进气、作功、压缩、排气

（C）进气、压缩、排气、作功

（D）进气、排气、压缩、排气

参考答案：A

3002　活塞在汽缸中，活塞顶部离曲轴旋转中心（　　）时的位置叫上止点。

（A）最近　　　　　　（B）中间

（C）最远　　　　　　（D）偏上

参考答案：C

3003　上止点到下止点之间的空间容积叫（　　）。

（A）汽缸总容积

（B）汽缸工作容积

（C）汽缸燃烧室容积

（D）活塞体积

参考答案：B

3004　活塞在上止点时，活塞顶上部与汽缸盖之间所有空间的容积叫（　　）。

（A）汽缸容积　　　　（B）汽缸工作容积

（C）燃烧室容积　　　（D）活塞体积

参考答案：C

3005　四缸柴油机的工作程序是 1-3-4-2，如第一缸在作功行程，则第二缸是（　　）。

（A）压缩　　（B）排气　　（C）进气　　（D）作功

参考答案：B

3006 曲柄连杆机构由（ ）组成。

（A）活塞连杆组、曲轴飞轮组

（B）汽缸盖、活塞连杆组、曲轴飞轮组

（C）缸盖机体组、活塞连杆组、曲轴飞轮组

（D）缸盖机体组、活塞连杆组

参考答案：C

3007 汽缸盖和汽缸套上部、（ ）相配合构成燃烧室。

（A）活塞裙部 （B）活塞顶面

（C）活塞环带部 （D）活塞环

参考答案：B

3008 （ ）是安装活塞销的部位。

（A）活塞顶部 （B）活塞裙部

（C）活塞销座 （D）活塞环带部

参考答案：C

3009 活塞环有（ ）两种。

（A）湿环和干环 （B）干环和油环

（C）气环和油环 （D）湿环和气环

参考答案：C

3010 连杆的作用是在作功时，将活塞的（ ）运动转变为曲轴的（ ）运动。

（A）往复直线 旋转

（B）往复直线 往复直线

（C）旋转 往复直线

（D）旋转 旋转

参考答案：A

3011 曲轴由曲轴前段、（ ）、曲柄臂、曲轴后端等组成。

（A）活塞　　　　　　（B）正时齿轮

（C）主轴颈　　　　　（D）连杆

参考答案：C

3012　将气门安置在缸盖上的配气机构叫（　　）配气机构。

（A）顶置式　　　　　（B）侧置式

（C）上置式　　　　　（D）中置式

参考答案：A

3013　拖拉机按驾驶方式分为（　　）。

（A）方向盘式、手扶式、链轨式

（B）操纵杆式、方向盘式、半链轨式

（C）方向盘式、操纵杆式、手扶式

（D）操纵杆式、履带式、悬挂式

参考答案：C

3014　发动机的型号 495 型，其中"495"的含义是（　　）。

（A）"4"表示四行程，"95"表示汽缸直径为 95 mm

（B）"49"表示 4 个汽缸，每个直径为 90 mm，"5"表示 5

　　个缸

（C）"4"表示 4 个缸，"95"表示汽缸直径为 95 mm

（D）"49"表示每个汽缸直径为 49 mm，"5"表示 5 个缸

参考答案：C

3015　顶置式配气机构主要由（　　）三大部分组成。

（A）气门组、推杆、曲轴

（B）气门组、推杆、挺柱

（C）气门组、传动组、驱动组

（D）气门组、推杆、主轴颈

参考答案：C

3016 （ ）是配气机构的驱动轴。

（A）曲轴 　　　（B）活塞

（C）凸轮轴 　　（D）连杆销

参考答案：C

3017 凸轮轴由进气凸轮、（ ）、正时齿轮接盘等组成。

（A）排气凸轮、飞轮 （B）排气凸轮、曲轴

（C）排气凸轮、轴颈 （D）凸轮轴、推杆

参考答案：C

3018 进、排气门从开始开启到关闭终了的时间内，相对曲轴转过的角度叫（ ）。

（A）压缩行程 　　（B）配气相位

（C）排气行程 　　（D）做功行程

参考答案：B

3019 配气机构的气门组由气门、（ ）、气门弹簧、弹簧座圈、气门锁夹等组成。

（A）曲轴 　　　（B）摇臂

（C）气门导管 　（D）摇臂轴

参考答案：C

3020 配气机构的传动组由挺柱、推杆（ ）、摇臂轴等组成。

（A）凸轮轴 　　（B）摇臂

（C）正时齿轮 　（D）曲轴

参考答案：B

3021 配气机构的驱动组主要由凸轮轴、（ ）组成。

（A）曲轴 　　　　　（B）摇臂

（C）凸轮轴正时齿轮 （D）摇臂轴

参考答案：C

3022 空气供给部分由空气滤清器、（　　）、消声器等组成。

（A）进气管、排气管　　（B）进气管、回油管

（C）回油管、排气管　　（D）进油管、回油管

参考答案：A

3023 空气滤清器按滤清方式可分为（　　）、综合式三种。

（A）惯性式、供给式　　（B）离心式、强制式

（C）惯性式、过滤式　　（D）过滤式、惯性式

参考答案：C

3024 （　　）的作用是在作功行程时贮藏能量和在辅助行程中放出能量，使发动机运转均匀。

（A）飞轮　　（B）气门

（C）汽缸　　（D）活塞环

参考答案：A

3025 燃油供给系由（　　）、低压油管、柴油粗、细滤清器、输油泵、喷油泵、调速器、高压油管、喷油器、回油管等组成。

（A）油箱　　　　　　（B）油底壳

（C）燃油箱　　　　　（D）油气管

参考答案：C

3026 Ⅰ、Ⅱ号喷油泵由喷油泵体、（　　）和活塞式输油泵等部分组成。

（A）低压油管　　　　（B）燃油箱

（C）调速器　　　　　（D）高压油管

参考答案：C

3027 喷油泵体主要由上、下泵体、（　　）、出油阀偶件、挺柱体等组成。

（A）凸轮轴、柱塞偶件　　　　（B）凸轮轴、曲轴

（C）凸轮轴、调速器　　　　（D）曲轴、曲轴销

参考答案：A

3028 （　）的作用是出油、断油和在断油后迅速降低高压油管中的剩余压力，使喷油器断油干脆而无滴油现象。

（A）柱塞偶件　　　　（B）调速器

（C）曲轴　　　　（D）出油阀偶件

参考答案：D

3029 喷油泵开始供油的时刻到活塞到达压缩上止点止，相对曲轴所转过的角度是（　）。

（A）供油提前角　　　　（B）迟闭角

（C）早开角　　　　（D）回油角

参考答案：A

3030 分隔式燃烧室又分为（　）两种。

（A）"W"形和预燃室式　　　　（B）涡流室式和预燃室式

（C）球形和预燃室式　　　　（D）"V"形和预燃室式

参考答案：B

3031 柴油机燃油系有柱塞和柱塞套、（　）喷油器的针阀和针阀体三大精密偶件。

（A）活塞和汽缸套　　　　（B）气门和气门座

（C）出油阀和出油阀座　　　　（D）气门和活塞

参考答案：C

3032 柴油发动机润滑方式有（　）和综合式三种。

（A）分隔式、激溅式　　　　（B）直接式、激溅式

（C）压力式、激溅式　　　　（D）间接式、激溅式

参考答案：C

3033 齿轮式机油泵主要由（　）、泵轴、泵盖等组成。

（A）泵壳、油泵齿轮　　（B）凸轮轴、集滤器

（C）泵壳、压力表　　（D）泵壳、机油压力指示器

参考答案：A

3034　转子式机油泵主要由（　　）、泵壳、泵轴、泵盖等组成。

（A）外转子、集滤器　　（B）柱塞偶件、机油压力指示器

（C）外转子、内转子　　（D）外转子、油泵齿轮

参考答案：C

3035　拖拉机的润滑系一般有油底壳、（　　）、机油粗滤器和细滤器、机油散热器等组成。

（A）集滤器、机油泵　　　　（B）喷油泵、内转子

（C）集滤器、喷油器　　　　（D）机滤、内转子

参考答案：A

3036　机油尺上一般有上、下两条刻线，（　　），机油耗油量增加。

（A）机油高于上刻线　　　　（B）机油在上下刻线间

（C）机油在下刻线以下　　　　（D）机油低于 50 mm

参考答案：A

3037　机油泵作用是向润滑系油路供给机油，目前广泛采用齿轮式机油泵和（　　）机油泵。

（A）定子式　　　　（B）柱塞式

（C）活塞式　　　　（D）转子式

参考答案：D

3038　常见变速箱由壳体、传动机构、（　　）等组成。

（A）操纵机构和变速杆　　（B）操纵机构和锁定装置

（C）传动机构、压紧装置　　（D）传动机构、变速销

参考答案：B

3039　变速箱的功用可简述为：减速增扭、（　　）、空挡停车。

（A）变速变扭、倒挡行驶　　（B）支承重量、直线行驶
（C）改变传动方向、直线行驶（D）改变方向、倒挡行驶

参考答案：A

3040　燃烧室根据混合气的形成与结构可分为（　）两种。
（A）直接喷射式、整体式　　（B）直接喷射式、分隔式
（C）间接喷射式、分隔式　　（D）分隔式、不分隔式

参考答案：B

3041　目前在多缸柴油发动机上广泛采用的输油泵形式有（　）输油泵两种。
（A）柱塞式和活动式　　（B）柱塞式和膜片式
（C）活动式和膜片式　　（D）活动式和开启式

参考答案：B

3042　变速箱操作机构由（　）组成。
（A）齿轮、锁定机构　　（B）拨叉、互锁机构
（C）变速杆、拨叉轴、拨叉（D）拨叉轴、互锁机构

参考答案：C

3043　轮式拖拉机的后桥由中央传动、（　）和最终传动等部分组成。
（A）差速器　　（B）变速箱
（C）离合器　　（D）摇摆轴

参考答案：A

3044　中央传动的作用是降低转速，增大扭矩，并将旋转面方向改变（　）。
（A）60°　　（B）90°
（C）120°　　（D）30°

参考答案：B

3045　后桥的最终传动布置有外置式和（　　）两种。

（A）内置式　　　　　　（B）前置式

（C）右置式　　　　　　（D）左置式

参考答案：A

3046　前桥由前桥支架、前轴、（　　）、转向节支架和转向节总成（转向节立轴和前轮轴）等组成。

（A）前轮　　　　　　　（B）差速锁

（C）摇摆轴　　　　　　（D）前轮轴

参考答案：C

3047　液压悬挂系由液压系统、（　　）和悬挂机构等部分组成。

（A）操纵机构　　　　　（B）控制阀

（C）油缸　　　　　　　（D）油泵

参考答案：A

3048　传动系由（　　）等部分组成。

（A）离合器、变速箱、后桥　　（B）离合器、变速箱

（C）离合器、后桥　　　　　　（D）轮胎、前桥

参考答案：A

3049　摩擦式离合器按作用可分为（　　）两种。

（A）常结合　　　　　　（B）常结合和非常结合

（C）单作用和双作用　　（D）干式和湿式

参考答案：C

3050　液压悬挂系统，在拖拉机上布置的位置，可分为分置式、半分置式和（　　）三种型式。

（A）悬挂式　　　　　　（B）牵引式

（C）整体式　　　　　　（D）分散式

参考答案：C

3051 动力输出轴的型式按转速可分直接传动和（　　）传动两种形式。

（A）异步　　　　　　（B）同步

（C）间接　　　　　　（D）前后

参考答案：B

3052 同步式的动力输出轴其转速与拖拉机行驶速度（　　）。

（A）差速　　　　　　（B）异步

（C）同步　　　　　　（D）独立

参考答案：C

3053 电气设备的功用是用来启动发动机，行驶时（　　）和用电，检测仪表检测工作状态以及夜间作业时提供照明。

（A）提供信号　　　　（B）提供点火

（C）提供动力　　　　（D）电源

参考答案：A

3054 蓄电池的功用是（　　），当发电机未发电或发电不足时，向用电设备供电。

（A）贮存电能　　　　（B）启动发动机

（C）调节电流　　　　（D）调节电压

参考答案：A

3055 启动电机的驱动机构由驱动齿轮、（　　）等组成。

（A）飞轮　　　　　　（B）变速箱

（C）离合器　　　　　（D）变速器

参考答案：C

3056 轮式拖拉机的转向系主要由方向盘、（　　）、转向摇臂、球形关节、转向拉杆、转向节臂等组成。

（A）导向轮、转向器　　（B）转向节支架、摇摆轴

（C）转向轴、转向器　　（D）轮轴、摇摆轴

参考答案：C

3057　使用预热塞前应用手按（　　），泵油数次，以保证供给足够的油量。

（A）输油泵　　　　（B）油泵

（C）机油泵　　　　（D）液压泵

参考答案：A

3058　启动电机的控制开关有机械式和（　　）两种开关型式。

（A）湿式　　　　　（B）电磁式

（C）强制式　　　　（D）干式

参考答案：B

3059　硅整流发电机通过（　　）只硅二极管进行整流后，即可得到直流电。

（A）六　　（B）四　　（C）二　　（D）一

参考答案：A

3060　拖拉机的工作装置由液压悬挂装置、动力输出轴、动力输出皮带轮和（　　）等组成。

（A）农具　　　　　（B）牵引装置

（C）铧犁　　　　　（D）悬挂

参考答案：B

3061　液压悬挂系的操纵机构用来控制液压系统中的（　　）。

（A）牵引装置　　　（B）悬挂装置

（C）分配器　　　　（D）操作杆

参考答案：C

3062　拖拉机的挂车由行走装置、减震装置、牵引装置、转向装置、（　　）、灯光信号装置和车厢等部分组成。

（A）制动装置　　（B）工作装置

（C）传动装置　　（D）行走装置

参考答案：A

3063　拖拉机发动机在额定转速时，挂车气制动装置的空压机工作
8 min，系统压力应达到（　）。

（A）400 kPa（5.5 kg·f/cm^2）

（B）500 kPa（6.1 kg·f/cm^2）

（C）686～784 kPa（7～8 kg·f/cm^2）

（D）700 kPa（6.1 kg·f/cm^2）

参考答案：C

3064　发动机冒黑烟的原因不可能是（　）。

（A）供油量过大或柴油机超负工作

（B）喷油时间过晚，空气滤清器或进气管堵塞

（C）喷油器雾化不良或滴油

（D）油底壳内机油过多

参考答案：D

3065　发动机冒蓝烟的原因不可能是（　）。

（A）油底壳内机油过多

（B）活塞环磨损、对口或油环倒装

（C）气缸与活塞间隙过大或气门导管间隙过大

（D）燃油中有水

参考答案：D

3066　蓄电池由电池外壳、（　）、连接条、电极接柱、盖板和加液
孔盖、电解液等组成。

（A）电线、隔板

（B）调节器、隔板

（C）正负极板组、隔板

（D）电瓶、隔板

参考答案：C

3067 蓄电池电解液比重应保持在（   ）。

（A）1.15～1.20   （B）1.26～1.30

（C）1.30～1.35   （D）0.5～1

参考答案：B

3068 气门间隙过小，会使气门（   ）。

（A）提前关闭   （B）提前开启提前关闭

（C）延迟开启延迟关闭   （D）提前开启延迟关闭

参考答案：D

3069 进、排气门从开始开启到关闭终了的时间内，相对曲轴所转过的角度叫（   ）。

（A）进、排气行程   （B）供油提前角

（C）配气相位   （D）做功行程

参考答案：C

3070 拖拉机挂车机组的制动调整，必须使挂车比主机提前（   ）制动，以保证机组在制动时挂车不撞击主机。

（A）0.2 s   （B）0.3～0.8 s

（C）0.9～1.0 s   （D）2 s

参考答案：B

3071 当气门处于关闭状态时，气门杆尾部端面与摇臂头之间的间隙是（   ）。

（A）气门间隙   （B）开口间隙

（C）自由间隙   （D）摇臂间隙

参考答案：A

3072 减压机构在调整时，应在气门间隙调整好以后，气门处于（ ）状态时进行。

（A）关闭 　　　　　　　（B）开启

（C）半开 　　　　　　　（D）半闭

参考答案：A

3073 （ ）的功能是在规定范围内，随着发动机负荷的变化自动调节供油量，使柴油机转速基本上保持稳定。

（A）柱塞偶件 　　　　　（B）调速器

（C）出油阀偶件 　　　　（D）喷油泵

参考答案：B

3074 润滑系的回油阀是为了保证主油道的正常油压而设，并（ ）在发动机上进行调整。

（A）不可以 　　　　　　（B）可以

（C）不准 　　　　　　　（D）根据情况定

参考答案：B

3075 润滑系主油道的机油压力一般在（ ）MPa 为合适。

（A）小于 0.15 　　　　　（B）0.2～0.4

（C）大于 0.5 　　　　　 （D）0.5～0.7

参考答案：B

3076 常结合式离合器在结合状态时，分离杠杆和分离轴承间应（ ）。

（A）没有间隙 　　　　　（B）保持压紧

（C）有适当的间隙 　　　（D）固定

参考答案：C

3077 拖拉机前轮四项定位中，其中（ ）可调整外，其他定位均不可调。

（A）前轮前束　　　　　（B）前轮外倾

（C）主销内倾　　　　　（D）后轮内倾

参考答案：A

3078　方向盘的自由行程过小，行驶时驾驶操纵方向（　　）。

（A）容易　　　　　　　（B）困难

（C）难易不变　　　　　（D）跑偏

参考答案：B

3079　拖拉机方向盘自由行程左右应各不大于（　　）。

（A）10°　　　　　　　（B）15°

（C）20°　　　　　　　（D）25°

参考答案：B

3080　轮式拖拉机普遍采用摩擦式制动器分为带式、蹄式和（　　）三种。

（A）湿式　　（B）盘式

（C）涨式　　（D）干式

参考答案：B

3081　柴油滤清器的作用是滤除柴油中的（　　），以高度清洁的柴油供给喷油泵和喷油器。

（A）机油　　　　　　　（B）杂质和水分

（C）润滑油　　　　　　（D）液压油

参考答案：B

3082　润滑系的安全阀是防止（　　）由于杂质堵塞或机油黏度过大时，造成主油道缺油。

（A）空气滤清器　　　　（B）机油集滤器

（C）机油滤清器　　　　（D）柴油滤清器

参考答案：C

3083 拖拉机转向系能使两前轮（导向轮）相对机体（ ）角度，以便灵活地改变和控制拖拉机的行驶方向。

（A）偏转相向　　　　（B）偏转相反

（C）各自偏转一　　　（D）正中

参考答案：C

3084 盘式制动器主要由（ ）、摩擦缸、钢球等组成。

（A）制动盘　　　　　（B）制动带

（C）制动蹄　　　　　（D）制动毂

参考答案：A

3085 盘式制动器靠（ ）来制动。

（A）轴向拉力　　　　（B）轴向压力

（C）径向外力　　　　（D）径向内力

参考答案：B

3086 液压悬挂的操纵机构可使农具提升、下降和处于（ ）处置。

（A）向左　　　　　　（B）中立

（C）旋转　　　　　　（D）向右

参考答案：B

3087 蓄电池电解液液面应保持高出极板（ ）mm。

（A）2～7　　　　　　（B）5～10

（C）10～15　　　　　（D）7～10

参考答案：C

3088 蓄电池每格电池电压不低于（ ）伏，两只电瓶新旧一致。

（A）1.2　　　　　　　（B）1.5

（C）1.7　　　　　　　（D）2.5

参考答案：C

3089 轮式拖拉机的光源包括（　）、小灯、尾灯、仪表灯、转让
指示灯、刹车灯及其他用途灯等。

（A）前、后大灯　　　　（B）蓄电池

（C）喇叭　　　　　　　（D）导线

参考答案：A

3090 整体式液压悬挂农具作业，在使用力调节作业时，应用
（　）手柄（力调节手柄）控制农具耕深。

（A）里操纵　　　　　　（B）中间操纵

（C）外操纵　　　　　　（D）液压操作

参考答案：C

3091 进行深松作业时，深松机的起落应（　）。

（A）迅猛　　　　　　　（B）加速

（C）平稳　　　　　　　（D）越慢越好

参考答案：C

3092 转移地块时悬挂犁应升至（　）位置加以锁定，并调紧限
拉链。

（A）最低　　　　　　　（B）最高

（C）离地　　　　　　　（D）500 mm

参考答案：B

3093 深松机的纵向水平的调整是通过伸长或缩短拖拉机（　）的
长度来调节的。

（A）上拉杆　　　　　　（B）右下拉杆

（C）左下拉杆　　　　　（D）左上拉杆

参考答案：A

3094 差速锁接合后，（　）拖拉机转弯。

（A）禁止　　　　　　　（B）允许大角度

（C）允许小角度　　　（D）可以

参考答案：A

3095　一般情况下使用制动器时，应（　　）。

（A）先分离离合器，后踩制动器

（B）只踩制动器，不分离离合器

（C）分离离合器与踩制动器同时进行

（D）只踩制动

参考答案：A

3096　拖拉机挂车气制动装置在使用中（　　）气路系统有漏气及阻滞现象。

（A）可允许　　　　　（B）允许少量

（C）不允许　　　　　（D）不影响

参考答案：C

3097　拖拉机带挂车正常行驶过程中，气压表的压力应不低于（　　）。

（A）44.1 kPa（0.45 kg·f/cm²）

（B）441 kPa（4.5 kg·f/cm²）

（C）4 410 kPa（45 kg·f/cm²）

（D）500 kPa（5.5kg·f/cm²）

参考答案：B

3098　硅整流发电机调节器只要配（　　）即可。

（A）限流器　　　　　（B）调压器

（C）截流器　　　　　（D）调速器

参考答案：B

3099　随着制动蹄的磨损，制动踏板自由行程逐渐（　　）。

（A）增大　　　　　　（B）变小

（C）不变　　　　（D）时大时小

参考答案：A

3100　前轮前束后具有（　）优点。

（A）转向省力　　（B）直线行驶稳定

（C）减轻前轮磨损　　（D）倒车稳定

参考答案：C

3101　轮式拖拉机配用的旋耕机，一般耕深由拖拉机的液压系统用
（　）方法控制，或在旋耕机上安装限深滑板控制。

（A）位调方法　　（B）力调节法

（C）综合调节　　（D）机械法

参考答案：A

3102　双作用离合器分离主离合器时，副离合器（　）分离。

（A）不一定　　（B）一定

（C）占 1/3　　（D）占 1/5

参考答案：A

3103　变速箱中主动齿轮越大，挡位（　）。

（A）越高　　（B）越低

（C）根据路况确定　　（D）根据速度确定

参考答案：A

3104　拖拉机带挂车，每天工作完毕后，应打开（　），将贮气筒
内水放掉。

（A）放水阀　　（B）空气阀

（C）放油阀　　（D）压力阀

参考答案：A

3105　拖拉机轮胎气压值一般为（　）。

（A）0.15～1.25 MPa　　（B）0.5～0.7 MPa

（C）0.7～0.95 MPa　　　　　（D）1～3.5 MPa

参考答案：A

3106　拖拉机直线行驶时，其差速器起（　　）。

（A）差速作用　　　（B）差速且传力作用

（C）传力作用　　　（D）不起作用

参考答案：C

3107　影响启动机功率的主要因素是（　　）。

（A）接触电阻　　　　　　　（B）蓄电池容量

（C）起动机的小齿轮齿数　　（D）导线电阻

参考答案：B

3108　蓄电池隔板上的槽（　　）。

（A）应朝向负极板　　　　　（B）应朝向正极板

（C）应朝向垂直两极板　　　（D）怎样都行

参考答案：B

3109　硅整流发电机的正二极管安装在（　　）。

（A）元件板上　　　（B）壳体上

（C）前盖板上　　　（D）后盖板上

参考答案：A

3110　活塞的整体形状是（　　）。

（A）上小下大，裙部椭圆

（B）正圆柱形

（C）上下等大，裙部椭圆

（D）上小下大，裙部正圆

参考答案：A

3111　留气门间隙是为了（　　），气门间隙过小会导致气门关闭严密。

（A）减少冲击

（B）给配气机构零件留有膨胀余地

（C）气门关闭严密

（D）气门关闭不严

参考答案：B

3112　Ⅰ号泵各缸滚轮体总成的调整垫块（　　）。

（A）可以互换　　　　（B）不准互换

（C）可翻边使用　　　（D）不能翻边

参考答案：B

3113　启动机上安装换向器的目的是（　　）。

（A）变换供给电枢绕组的电流的方向

（B）增大接触火花

（C）减小接触火花

（D）将交流电整流为直流电

参考答案：A

3114　离合器摩擦片磨损后，会引起离合器踏板自由行程（　　）。

（A）增大　　　　　　（B）减小

（C）不变　　　　　　（D）不确定

参考答案：B

3115　转向节主销内倾的目的是（　　）。

（A）转向省力

（B）自动回正，保证直线行驶稳定

（C）减小轮胎磨损

（D）减少大轮胎磨损

参考答案：B

3116　蓄电池容量的单位是（　　）。

（A）千瓦 （B）安培·小时

（C）瓦特·小时 （D）安培

参考答案：B

3117 启动电动机工作运转正常，但发动机转速不高的原因是（ ）。

（A）滚动式单向啮合器打滑

（B）蓄电池存电不足

（C）吸拉线圈短路

（D）蓄电池短路

参考答案：A

3118 变速箱互锁机构的任务是（ ）。

（A）防止自动挂挡和脱挡

（B）防止同时挂上两个以上挡位

（C）防止自动挂挡

（D）防止自动脱挡

参考答案：B

3119 拖拉机在（ ），允许使用差速锁。

（A）转向时 （B）直线行驶时

（C）倒车时 （D）一侧驱动轮陷入泥坑时

参考答案：D

3120 在前轮定位措施中，转向立轴后倾的目的是（ ）。

（A）转向省力 （B）自动回正

（C）减少轮胎的磨损 （D）工作省力

参考答案：B

3121 蓄电池正极板的栅架中充填的是（ ）。

（A）棕色的二氧化铅 （B）铅锑合金

（C）纯铅　　　　　　　　（D）纯铝

参考答案：A

3122　拖拉机电源、用电设备都采用（　　）连接。

（A）单线制　　　　　（B）双线制

（C）焊接制　　　　　（D）多线制

参考答案：A

3123　蓄电池的充电一般分（　　）进行。

（A）二阶段　　　　　（B）三阶段

（C）四阶段　　　　　（D）五阶段

参考答案：A

3124　喷油泵的两大偶件中，完成泵油作用的是（　　）。

（A）柱塞偶件　　　　（B）出油阀偶件

（C）针阀偶件　　　　（D）回油阀偶件

参考答案：A

3125　利用"油门"可以停供的油泵是（　　）。

（A）单体喷油泵　　　（B）I号泵

（C）2号泵　　　　　（D）3号泵

参考答案：A

3126　下列零件采用重力润滑的是（　　）。

（A）活塞组　　　　　（B）曲轴轴颈

（C）连杆小端衬套　　（D）气门组零件

参考答案：D

3127　离合器间隙（　　）时，会引起分离不彻底，挂挡打齿现象。

（A）过小　　　　　　（B）过大

（C）都可能　　　　　（D）正好

参考答案：A

3128 润滑系中，保证滤芯堵塞或机油过黏时润滑可靠的是（　）。

（A）限位阀　　　　　（B）回压阀

（C）安全阀　　　　　（D）调压阀

参考答案：C

3129 拖拉机耕地时常用的行驶方法是（　）。

（A）梭行法　　　　　（B）绕行法

（C）斜行法　　　　　（D）网行法

参考答案：B

3130 冷却系的正常水温一般是（　）。

（A）100℃　　　　　（B）75～95℃

（C）50℃　　　　　　（D）30℃

参考答案：B

3131 气门间隙调整应在（　）进行。

（A）气门关闭时　　　（B）凸轮尚未顶起挺柱时

（C）气门开户时　　　（D）气门开10 mm

参考答案：B

3132 安装锥面活塞环时，有记号的一面应朝向（　）。

（A）活塞顶部　　　　（B）活塞裙部

（C）活塞中部　　　　（D）向下

参考答案：A

3133 安装风扇叶片时，凹面应朝向（　）。

（A）机体　　　　　　（B）散热器

（C）上　　　　　　　（D）下

参考答案：A

3134 拖拉机转向时，为保证纯滚动而无侧滑，内侧轮的转角度应

（　）外侧轮偏转角度。

（A）大于　　　　　　（B）小于

（C）等于　　　　　　（D）不一定

参考答案：A

3135　当踏下离合器踏板使拖拉机驱动轮动力切断而停止行驶时，动力输出轴仍在旋转，这种动力输出装置属于（　　）。

（A）独立式　　　　　（B）半独立式

（C）非独立式　　　　（D）整体式

参考答案：B

3136　收割机动刀片产生裂纹或崩口后一般应（　　）。

（A）焊接修复　　　　（B）更换刀片

（C）铆接修复　　　　（D）继续使用

参考答案：B

3137　拖拉机冬季停车后，应使发动机怠速运转，待水温降到（　　）再熄火。

（A）60℃以下　　　　（B）85℃以下

（C）80℃以下　　　　（D）30℃以下

参考答案：A

3138　为保证拖拉机顺利转向，其内轮偏角应（　　）外轮偏角。

（A）大于　　　　　　（B）小于

（C）等于　　　　　　（D）无关

参考答案：A

3139　双作用离合器放松踏板时，主离合器（　　）结合。

（A）先　　　　　　　（B）后

（C）同时　　　　　　（D）不一定

参考答案：B

3140　前轮前束值过大时，则前轮的磨损（　　），前束值过小时，前轮的磨损（　　）。

（A）增大　增大　　　（B）减少　减少

（C）不变　不变　　　（D）减小　增大

参考答案：A

3141　方向盘的自由行程过大时，方向盘上的路感（　　）。

（A）增大　　　　　　（B）减少

（C）不变　　　　　　（D）时大时小

参考答案：B

3142　拖拉机由低换高挡时，往往是分离离合器前，"油门"（　　）。

（A）增大　　　　　　（B）减少

（C）不变　　　　　　（D）不影响

参考答案：A

3143　地表不平时，为保证耕作质量应使用（　　）来调节农具的耕深。

（A）力调节法　　　　（B）位调节法

（C）高度调节法　　　（D）液压调节法

参考答案：C

3144　充足电的蓄电池在允许放电范围内输出的电量是（　　）。

（A）容量　　　　　　（B）额定容量

（C）启动容量　　　　（D）最低容量

参考答案：A

3145　硅整流交流发电机调节器的作用是调节发电机的（　　）。

（A）电压　　（B）电阻　　（C）功率　　（D）电功

参考答案：A

3146　充电时，蓄电池与发电机的搭铁极性必须一致，否则会烧坏（　　）。

（A）元件板　　　　（B）二极管

（C）炭刷　　　　　（D）三极管

参考答案：B

3147　发电机转速变化时，只要相应改变（　　）。就可保证发电机的输出电压稳定。

（A）激磁电流　　　（B）用电负载

（C）蓄电池电压　　（D）直流电

参考答案：A

3148　下列三种机体在柴油机应用最广泛的是（　　）。

（A）干式　　　　　（B）无裙式

（C）隧道式　　　　（D）有裙式

参考答案：D

3149　配气正时齿轮对号安装是为了（　　）。

（A）保证配气正时

（B）保证气门间隙

（C）保证传动比不变

（D）保证正常运转

参考答案：A

3150　配气凸轮与挺柱不对称布置是为了（　　）。

（A）保证磨损均匀　　（B）传动可靠

（C）保证配气相位　　（D）保证气门间隙

参考答案：A

3151　下列发动机利用排气门减压的是（　　）。

（A）195　　　　　　（B）295

（C）495A　　　　　（D）215

参考答案：C

3152 下列零件采用压力润滑的是（　　）。

（A）活塞组　　　　　（B）气门组

（C）曲轴　　　　　　（D）飞轮

参考答案：C

3153 收割机作业一般应（　　）倒伏收割。

（A）逆　（B）顺　（C）60°　（D）15°

参考答案：B

3154 在很短时间内，离合器的摩擦片、分离轴承严重磨损，其原因之一是（　　）。

（A）离合器间隙过大　　　（B）离合器间隙过小

（C）前束值过大　　　　　（D）踏板损坏

参考答案：B

3155 发动机"负荷"不变而调速器"油门"加大时，发生变化的是（　　）。

（A）发动机转速　　　　　（B）循环供油量

（C）以上二者都有　　　　（D）行走速度

参考答案：A

3156 刀杆的功用是其上固定动刀片，一端与驱动机构相连，工作中作（　　）。

（A）曲线运动　　　　　（B）旋转运动

（C）直线往复运动　　　（D）旋转往复运动

参考答案：C

3157 冷却系中设节温器的目的是（　　）。

（A）节约冷却水　　　　　（B）平衡冷却水压

（C）防止漏水　　　　　　（D）根据水温控制冷却水路

参考答案：D

3158 踏下离合器踏板，动力输出轴就停止转动，这种动力输出轴属于（　）。

（A）独立式　　　　　（B）半独立式

（C）非独立式　　　　（D）整体式

参考答案：C

3159 联合收割机的切割器有（　）2种型式。

（A）推进式、往复式

（B）旋转式、推进式

（C）推进式、自传式

（D）旋转式、往复式

参考答案：D

3160 全喂入式谷物联合收割机割台的主要作用是将切割器切割下来的谷物堆集到一起，然后输送到（　）前端。

（A）输送蛟龙　　　　（B）倾斜输送器

（C）垂直输送器　　　（D）60° 输送

参考答案：B

3161 全喂入联合收割机的割台螺旋推进器由（　）部分组成。

（A）螺旋搅龙和伸缩齿

（B）螺旋搅龙和螺旋杆

（C）螺旋搅龙和割台底板

（D）伸缩扒齿和螺旋杆

参考答案：A

3162 割台输送搅龙的伸缩齿，在伸出最长时与（　）保持100～150 mm 的间隙。

（A）动刀片　（B）定刀片　（C）反射板　（D）割台底板

参考答案：D

3163 倾斜喂入室的输送装置一般有（ ）和转轮式两种型式。

（A）丁齿式 （B）皮带式

（C）链耙式 （D）鳞齿式

参考答案：C

3164 收割机电器部分由电源与启动部分、（ ）、照明部分等几大部分组成。

（A）仪表部分、点火部分 （B）仪表部分、蓄电池

（C）仪表部分、信号部分 （D）仪表部分、导线

参考答案：C

3165 联合收割机的脱粒清选装置主要由脱粒机、风扇、清选装置、（ ）等部分组成。

（A）切割器 （B）茎秆处理器

（C）扶禾器 （D）刀片

参考答案：B

3166 一般半喂入脱谷机构的钉齿排数比全喂入脱谷机构多，因此其圆周速度比全喂入脱谷机构（ ）。

（A）更高 （B）不变

（C）较低 （D）快2倍

参考答案：C

3167 联合收割机常用的输送机构有搅龙式（螺旋式）、帆布带式、链指式、（ ）、链耙式、斗式、扬谷器和气流式等。

（A）背包式 （B）旋转式

（C）刮板式 （D）自由式

参考答案：C

3168 脱谷机构凹板筛的型式有（ ）凹板筛、网式凹板筛、冲孔式凹板筛等。

（A）网格式　　　　　（B）整体式

（C）鱼鳞式　　　　　（D）栅格式

参考答案：A

3169　全喂入轴流型脱谷机构，滚筒齿顶与凹板间（　　）。

（A）没有间隙　　　　　（B）有适当的间隙

（C）间隙大小没有限制　　（D）越大越好

参考答案：B

3170　半喂入脱谷机构的脱粒过程特点决定其凹板间隙，比全喂入轴流型脱谷机构的凹板间隙（　　）。

（A）较小　　　　　（B）大许多

（C）无法比　　　　（D）较大

参考答案：A

3171　全喂入谷物联合收割机的清粮机构一般由上筛、下筛、尾筛、曲柄连杆机构和（　　）等组成。

（A）阶梯板、分离筒

（B）扬谷轮、切割器

（C）阶梯板、风扇

（D）谷轮轴、切割器

参考答案：C

3172　方向盘自走式联合收割机行走机构由驱动轮桥、（　　）轮胎、转向机构等组成。

（A）离合器　　　　　（B）支重轮

（C）转向轮桥　　　　（D）驱动轮桥

参考答案：C

3173　气流筛子式清粮装置主要由（　　）、风扇、上筛、一个或多个下筛、谷粒推动器、传动机构等组成。

133

（A）切割器　　　　（B）阶梯抖动板

（C）拨禾装置　　　　（D）切割刀

参考答案：B

3174　小麦联合收获机碎粒太多的原因不可能是（　　）。

（A）滚筒转速过高　　　（B）风扇风力太强

（C）喂入量过大　　　　（D）脱离间隙小

参考答案：B

3175　拨禾轮在工作中如速度超过 3 m/s 后，压板击落谷物的损失将（　　）。

（A）减少　　　　　（B）增加

（C）不变　　　　　（D）不影响

参考答案：B

3176　联合收割机按驾驶方式分为（　　）。

（A）方向盘式、履带式　（B）方向盘式、操纵杆式

（C）方向盘式、手扶式　（D）履带式、手扶式

参考答案：B

3177　动刀片与定刀片的前端（　　）。

（A）不允许有间隙

（B）允许有小于 0.5 mm 的间隙

（C）允许有大于 1 mm 的间隙

（D）大于 2 mm

参考答案：B

3178　动刀片与定刀片的后端（　　）。

（A）不应有间隙

（B）应有 0.3～1 mm 的间隙

（C）应有大于 2 mm 的间隙

（D）小于 0.3 mm

参考答案：B

3179 全喂入轴流式脱谷机滚筒盖板也是圆弧形的，内侧装有（　　）。

（A）凹板筛　　　　　　（B）螺旋导板
（C）反射板　　　　　　（D）刀杆

参考答案：B

3180　往复式切割器的动刀片行程、动刀片的节距、定刀片的节距为（　　）mm。

（A）76　　（B）76.2　　（C）76.5　　（D）77

参考答案：B

3181 动、定刀片之间的间隙过大，则切割作物困难，如不及时调整，会使刀片产生（　　），使间隙无法调整。

（A）断裂　　　　　　　（B）变形
（C）变钝　　　　　　　（D）不变

参考答案：B

3182 压刃器的功用是防止割刀在运动中（　　），保证动、定刀片间的正常间隙，以利切割。

（A）向左偏　　　　　　（B）向右偏
（C）向上抬起　　　　　（D）向下

参考答案：C

3183 倾斜输送器的作用是将割台上的谷物均匀连续不断地输送到（　　）上。

（A）滚筒装置　　　　　（B）清粮装置
（C）脱粒装置　　　　　（D）储粮装置

参考答案：C

135

3184 全喂入联合收割机上的倾斜输送器通常采用（　　）型式。

（A）链耙式、带式、转轮式

（B）链耙式、滚筒式、带式

（C）转轮式、滚筒式、链耙式

（D）链耙式、干式、转轮式

参考答案：A

3185 联合收割机在收割倒伏作物时，如顺向收割，拨禾轮应适当（　　），以增强扶倒能力。

（A）后移　　　　　　（B）前移

（C）左移　　　　　　（D）右移

参考答案：B

3186 联合收割机在收获小麦时，一般要求割茬高度为（　　）mm。

（A）50～100　　　　（B）100～150

（C）200～300　　　　（D）200～250

参考答案：B

3187 联合收割机在收获水稻时，一般要求割茬高度为（　　）mm。

（A）50～100　　　　（B）150～200

（C）200～300　　　　（D）200～250

参考答案：A

3188 联合收割机在收割倒伏程度不大的作物时，如作逆向收割，则拨禾轮应适当（　　），以防止压板将作物推倒收割台下。

（A）前移　　　　　　（B）左移

（C）后移　　　　　　（D）右移

参考答案：C

3189 割台螺旋搅龙常用的转速范围为（　　）r/min（转/分）。

（A）50～100　　　　（B）50～150

（C）150～250　　　（D）300～350

参考答案：C

3190 联合收割机割台的搅龙叶片与割台底板间（　　）。

（A）无间隙可调

（B）可保持任意间隙

（C）应调整到合适的间隙

（D）越小越好

参考答案：C

3191 方向盘自走式联合收割机的底盘一般由（　　）、驱动轮桥、转向轮桥等组成。

（A）传动系统　　　　（B）发电机

（C）行走变速轮　　　（D）电气系统

参考答案：C

3192 方向盘自走式联合收割机的制动系统由制动泵总成、制动分泵、制动器油箱、调节螺栓和（　　）等组成。

（A）离合器总成、变速箱

（B）制动踏板、制动器总成

（C）方向器总成、变速箱

（D）制动踏板、轮胎

参考答案：B

3193 方向盘自走式联合收割机的转向轮桥、两个转向轮用转向梯形连接起来，而转向梯形由（　　）、转向桥梁焊合等组成。

（A）齿轮传动箱　　　（B）转向拉杆

（C）方向盘　　　　　（D）雨刮器

参考答案：B

3194 转向系统由方向机总成、单路稳定分流阀、全液压转向器、

（　　）等组成。

（A）前轮　　　　　　（B）转向油缸

（C）变速箱离合器　　（D）方向盘

参考答案：B

3195　全喂入脱谷机构为了避免带草和提高钉齿在排草口的排草能力，通常钉齿的工作面有了10°～15°的（　　）。

（A）前倾角　　　　　（B）后倾角

（C）左倾角　　　　　（D）右倾角

参考答案：B

3196　引起脱粒滚筒堵塞的原因不可能是（　　）。

（A）滚筒转速过低　　（B）喂入量过大

（C）挡帘过低　　　　（D）滚筒转速过高

参考答案：D

3197　引起脱粒不干净的原因不可能是（　　）。

（A）风力太大　　　　（B）风力太小

（C）筛孔太大　　　　（D）尾筛或挡板太高

参考答案：A

3198　联合收割机在清选时，谷物中有较多断草、杂物混入，风扇的风量应（　　）。

（A）调弱　　（B）调低　　（C）调强　　（D）切断

参考答案：C

3199　联合收割机在收割较潮湿的作物或筛面上脱出物较多时，清粮机构鱼鳞或振动筛的间隙调整应（　　）。

（A）加大　　　　　　（B）减少

（C）固定　　　　　　（D）不影响

参考答案：A

3200 联合收割机上用于分选、清洁的风扇，多采用（ ）风扇。

（A）低压 （B）高压

（C）中压 （D）中、高压

参考答案：A

3201 自动卸草机构安全离合器起作用的扭矩（ ）。

（A）禁止调节 （B）不准调节

（C）可以调节 （D）自由控制

参考答案：C

3202 操纵杆自走式联合收割机，其行走装置是（ ）的自走式联合机。

（A）轮式 （B）履带式

（C）链轨式 （D）自由式

参考答案：B

3203 拨禾轮在收获作物成熟度高，籽粒容易脱落时，则应以（ ）插入的要求来进行调整。

（A）前倾 （B）后倾

（C）垂直 （D）平行

参考答案：C

3204 联合收割机作业过程中，如发现割台铺放质量不好时，拨禾轮应适当（ ），以增强推送能力。

（A）前移 （B）后移

（C）左移 （D）右移

参考答案：B

3205 全喂入轴流型脱谷机构的滚筒齿顶与凹板间（ ）。

（A）没有间隙

（B）有合适的凹板间隙

（C）间隙大小没有限制

（D）自由间隙

参考答案：B

3206　卧式割台收割机将谷物切割后（　）在割台上进行输送。

（A）直立　　（B）躺倒　　（C）斜倒　　（D）垂直

参考答案：B

4001　保护性耕作技术的内容不包括的一项是（　）。

（A）秸秆还田覆盖技术

（B）免耕施肥播种技术

（C）杂草和病虫害防治技术

（D）铧式犁深耕

参考答案：D

4002　实施保护性耕作技术不需要的机械是（　）。

（A）免耕施肥播种机　　（B）秸秆粉碎还田机

（C）铧式犁　　　　　　（D）深松机

参考答案：C

4003　保护性耕作原理不包括的一项是（　）。

（A）根系松土　　　　　（B）蚯蚓松土

（C）胀缩松土　　　　　（D）旋耕松土

参考答案：D

4004　实施保护性耕作技术后需要（　）。

（A）每年进行机械深松一次

（B）根据情况2～4年进行机械深松一次

（C）根据情况5～6年进行机械深松一次

（D）不需要深松

参考答案：B

4005 保护性耕作技术的好处不包括（   ）。

（A）节水、节肥　　　　（B）节约机械作业费

（C）作物增收　　　　　（D）破坏生态环境

参考答案：D

4006 通过机械深松，不能达到的目的是（   ）。

（A）加深土壤的耕作层，

（B）改善土壤的透气率和透水性

（C）保水、抗旱、排水、抗涝和保肥

（D）翻动土壤耕作层

参考答案：D

4007 小麦免耕播种是在未经任何耕作的田间进行的复式作业，一次可以完成（   ）等多道工序。

（A）破茬、开沟、施肥、播种、覆土、镇压

（B）破茬、开沟、镇压

（C）施肥、播种、覆土

（D）覆土、镇压、开沟

参考答案：A

5001 生产者应当保证农机产品停产后（   ）继续提供零部件。

（A）五年内　　　　　　（B）一年内

（C）二年内　　　　　　（D）三年内

参考答案：A

5002 农业机械产品的"三包"是指（   ）。

（A）修理、更换、保养　　（B）更换、退货、保养

（C）修理、更换、退货　　（D）修理、更换、运输

参考答案：C

5003 "三包"有效期内产品发生故障，修理者应当自送修之日起

（　）排除故障并保证正常使用。

（A）30 日内　　　　　　（B）40 日内

（C）50 日内　　　　　　（D）60 日内

参考答案：B

5004　产品自售出之日起（　）发生安全性能故障或者使用性能故障，销售者应当按照农民的要求负责换货或者修理。

（A）15 日内　　　　　　（B）20 日内

（C）25 日内　　　　　　（D）30 日内

参考答案：A

5005　"三包"有效期内送修的产品，自送修之日起超过（　）未修好的，修理者应当在修理状况中如实记载；销售者应当凭此据免费为农民更换同型号同规格的产品，然后依法向生产者、修理者追偿。

（A）10 日　　　　　　（B）30 日

（C）40 日　　　　　　（D）50 日

参考答案：C

5006　"三包"有效期内，对于农民的"三包"要求，销售者应当自接到要求之日起（　）提出处理意见。

（A）5 日内　　　　　　（B）7 日内

（C）10 日内　　　　　　（D）15 日内

参考答案：B

5007　大、中型拖拉机（18kW 以上）整机"三包"有效期为（　）。

（A）0.5 年　　　　　　（B）1 年

（C）1.5 年　　　　　　（D）2 年

参考答案：B

5008　小型拖拉机整机"三包"有效期为（　　）。

（A）6个月　　　　　（B）9个月

（C）1年　　　　　（D）2年

参考答案：B

5009　大、中型拖拉机主要部件"三包"有效期为（　　）。

（A）6个月　　　　　（B）9个月

（C）1年　　　　　（D）2年

参考答案：D

5010　小型拖拉机主要部件"三包"有效期为（　　）。

（A）6个月　　　　　（B）9个月

（C）1.5年　　　　　（D）2年

参考答案：C

5011　申请农业机械维修技术合格证书，不需要向当地县级人民政府农业机械化主管部门提交的材料是（　　）。

（A）主要维修技术人员的国家职业资格证书

（B）农业机械维修业务申请表

（C）申请人身体健康证明

（D）维修场所使用证明

参考答案：C

5012　拖拉机、联合收割机的安全检验为（　　）。

（A）每年1次　　　　　（B）两年1次

（C）三年1次　　　　　（D）四年1次

参考答案：A

5013　未取得拖拉机、联合收割机操作证件而操作拖拉机、联合收割机的，由县级以上地方人民政府农业机械化主管部门责令改正（　　）。

（A）处 50 元以上 100 元以下罚款

（B）处 50 元以上 200 元以下罚款

（C）处 100 元以上 500 元以下罚款

（D）处 50 元以上 400 元以下罚款

参考答案：C

5014 农业机械销售者应当建立销售记录制度，销售记录保存期限不得少于（　　）。

（A）1 年　　　　　　（B）2 年

（C）3 年　　　　　　（D）4 年

参考答案：C

5015 《农业机械安全监督管理条例》施行日期是（　　）。

（A）2009 年 9 月 1 日

（B）2009 年 11 月 1 日

（C）2010 年 1 月 1 日

（D）2010 年 2 月 1 日

参考答案：B

5016 拖拉机、联合收割机经安全检验合格的，申请材料齐全，农业机械化主管部门应当在（　　）予以登记并核发相应的证书和牌照。

（A）1 个工作日内　　（B）2 个工作日内

（C）5 个工作日内　　（D）10 个工作日内

参考答案：B

5017 拖拉机、联合收割机操作人员经过培训后，应当按照国务院农业机械化主管部门的规定，参加县级人民政府农业机械化主管部门组织的考试。考试合格的，农业机械化主管部门应当在（　　）核发相应的操作证件。

（A）1个工作日内　　（B）2个工作日内

（C）5个工作日内　　（D）10个工作日内

参考答案：B

5018　拖拉机、联合收割机操作证件有效期为（　　）；有效期满，拖拉机、联合收割机操作人员可以向原发证机关申请续延。

（A）1年　　（B）3年　　（C）4年　　（D）6年

参考答案：D

5019　未满（　　）不得操作拖拉机、联合收割机。

（A）16周岁　　　　（B）18周岁

（C）20周岁　　　　（D）22周岁

参考答案：B

5020　操作人员年满（　　）的，县级人民政府农业机械化主管部门应当注销其操作证件。

（A）55周岁　　　　（B）60周岁

（C）65周岁　　　　（D）70周岁

参考答案：D

5021　机动车信号灯和非机动车信号灯绿灯亮时（　　）。

（A）车辆可随意通行

（B）准许车辆通行，但直行车辆须注意避让转弯车辆

（C）准许车辆通行，但转弯的车辆不得妨碍被放行的直行车辆和行人

（D）不准许车辆通行

参考答案：C

5022　机动车信号灯和非机动车信号灯黄灯亮时，（　　）。

（A）已超过停止线的车辆可以继续通行

（B）在确保安全的原则下通行

（C）加速通行

（D）不准通行

参考答案：A

5023 造成交通事故后逃逸的，由农业（农业机械）主管部门或者公安机关交通管理部门吊销拖拉机驾驶证，且（　　）不得重新取得拖拉机驾驶证。

（A）两年　　　　　　（B）十年

（C）终生　　　　　　（D）五年

参考答案：C

5024 如遇交通信号灯、交通标志或交通标线与交通警察的现场指挥不一致时（　　）。

（A）按照信号灯通行　　　　（B）按照交通警察指挥通行

（C）按照交通标志、标线通行　（D）随意通行

参考答案：B

5025 购置新拖拉机上路行驶前（　　）。

（A）可以不办理任何手续

（B）应当向农机监理机构办理登记手续，领取号牌、行驶证

（C）可以办理个别手续

（D）不用办理驾驶证

参考答案：B

5026 大中型方向盘式拖拉机被牵引，（　　）应当使用硬连接牵引装置牵引。

（A）变速箱损坏时　　　（B）制动器失效时

（C）喇叭失灵时　　　　（D）发动机损坏时

参考答案：B

5027 拖拉机驾驶人驾驶拖拉机（ ）。

（A）可以看手机

（B）可以向道路上抛撒物品

（C）下陡坡时不得熄火或者空挡滑行

（D）可以在禁止鸣喇叭的区域或者路段鸣喇叭

参考答案：C

5028 拖拉机驾驶人驾驶拖拉机前（ ）。

（A）不准饮用饮料　　（B）不准饮酒

（C）只准饮用啤酒　　（D）只准许少量饮酒

参考答案：B

5029 机动车通过有交通信号控制的交叉路口时，向左转弯（ ）。

（A）靠路口中心点左侧转弯

（B）靠路口中心点右侧转弯

（C）机动车可以远离路口中心点大转弯

（D）转弯车辆具有优先权

参考答案：A

5030 所有机动车应当按照国家规定投保（ ）。

（A）盗抢险

（B）人身保险

（C）交通事故责任强制保险

（D）意外伤害险

参考答案：C

5031 机动车在狭窄的坡路会车时，正确的会车方法是（ ）。

（A）上坡的一方先行，但是下坡的一方已行至中途而上坡的一方未上坡时，让下坡车先行

（B）下坡的一方让上坡的一方先行

（C）上坡的一方让下坡的一方先行

（D）随意行

参考答案：A

5032 以下哪项是正确的超车方法（　　）。

（A）应当在被超车辆的右侧超车，开转向灯

（B）超车前，须开左转向灯，确认安全后，从被超车的左侧超越（在同被超车保持必要的安全距离后，开右转向灯，驶回原车道）

（C）在被超车的左右两侧均可超车，而且不用开转向灯

（D）应当在被超车辆的右侧超车

参考答案：B

5033 在设有禁停标志、标线的路段，在机动车道与非机动车道、人行道之间设有隔离设施的路段以及人行横道、施工地段，（　　）停车。

（A）可以　　　　（B）有时可以

（C）不得　　　　（D）视情况确定

参考答案：C

5034 在没有划分中心线和机动车道与非机动车道的道路上（　　）。

（A）机动车须靠道路的左边行驶

（B）机动车须靠道路的右边行驶

（C）机动车在道路的中间行驶

（D）机动车在道路的左右两边都可行驶

参考答案：C

5035 拖拉机、电瓶车、轮式专用机械车遇有雾、雨、雪、沙尘、冰雹，能见度在50 m以内时，（　　）。

（A）最高时速不准超过50 km

（B）最高时速不准超过 15 km

（C）须注意观察，快速行驶

（D）最高时速不准超过 30 km

参考答案：B

5036 拖拉机所有人、管理人未按照国家规定投保机动车交通事故责任强制保险的，由公安机关交通管理部门扣留车辆至依照规定投保后，并处依照规定投保最低责任限额应缴纳的保险费的（ ）罚款。

（A）一倍　　（B）二倍　　（C）三倍　　（D）四倍

参考答案：B

5037 使用其他拖拉机的登记证书、号牌、行驶证、驾驶证的，由公安机关交通管理部门予以收缴，扣留该拖拉机，并处（ ）。

（A）一百元以上二百元以下罚款

（B）二百元以上两千元以下罚款

（C）二千元以上罚款

（D）三千元以上罚款

参考答案：B

5038 交通事故的损失是由非机动车驾驶人、行人（ ）造成的，机动车一方不承担责任。

（A）意外　　　　　　（B）过错

（C）故意　　　　　　（D）无意

参考答案：C

5039 机动车向左转弯、向左变更车道、准备超车、驶离停车地点或者掉头时，应当提前（ ）。

（A）开启左转向灯　　　　　　（B）加速按喇叭

（C）伸手示意其他车辆注意　　（D）减速按喇叭

参考答案：A

5040　机动车夜间通过有交通信号灯的交叉路口，转弯时应（　　）。

（A）开远光灯

（B）关闭前照灯

（C）开启转向灯，并将远光灯改为近光灯

（D）不开转向灯

参考答案：C

5041　车辆行经人行横道，遇行人在通过人行横道（　　）。

（A）应当停车让行

（B）紧跟前方车辆快速通过

（C）行人应主动避让机动车

（D）快速通过

参考答案：A

5042　划有导向车道的路口，机动车（　　）。

（A）应开转向灯，依照前后次序，依次通过

（B）加速通过

（C）按所需行进方向驶入导向车道

（D）进入导向车道后可根据行驶需要变更车道

参考答案：C

5043　机动车遇有前方交叉路口交通阻塞时（　　）。

（A）应当依次停在路口以外等候，不得进入路口

（B）驾驶人应下车帮助疏通道路

（C）车辆调头返回

（D）继续进入路口

参考答案：A

5044　饮酒后驾驶机动车的，除暂扣（　　）机动车驾驶证，并处二百元以上五百元以下罚款。

（A）一个月以上三个月以下

（B）三个月以上六个月以下

（C）六个月以上

（D）十二个月以上

参考答案：A

5045　机动车通过没有交通信号灯也没有交通警察指挥的交叉路口时，（　　）。

（A）转弯的机动车让直行的车辆先行

（B）摩托车让汽车先行

（C）大型客车让小客车先行

（D）随意通行

参考答案：A

5046　机动车进、出环形路口时（　　）。

（A）进路口的机动车先行

（B）已在路口内的机动车先行

（C）有条件的机动车先行

（D）看情况随意通行

参考答案：B

5047　机动车行经漫水路或者漫水桥时应当（　　）。

（A）加速通过，以防发动机熄火

（B）停车察明水情，确认安全后，低速通过

（C）必须有人在前面引路，方可通过

（D）找其他车拖过去

参考答案：B

5048 醉酒后驾驶机动车的，可处十五日以下拘留和暂扣三个月以上六个月以下机动车驾驶证，并处（　　）。

（A）二百元以上五百元以下罚款

（B）五百元罚款

（C）五百元以上二千元以下罚款

（D）二千元罚款

参考答案：C

5049 机动车遇相对方向来车时，在狭窄的山路应当遵守（　　）。

（A）小车让大车先行　　　　（B）货车让客车先行

（C）不靠山体的一方先行　　（D）靠山体的一方先行

参考答案：C

5050 在狭窄的坡路遇相对方向来车，下坡的一方已行至中途而上坡的一方未上坡时（　　）。

（A）下坡的一方先行

（B）上坡的一方先行

（C）空车让载货车先行

（D）双方同行

参考答案：A

5051 机动车在超车过程中与对面来车有会车可能时（　　）。

（A）减速超车

（B）鸣号示意来车减速

（C）不准超车

（D）加速超过以免碰撞

参考答案：C

5052 交叉路口、铁路道口、急转路、宽度不足 4 m 的窄路、桥梁、陡坡、隧道以及距离上述地点（　　）m 以内的路段，不得停车。

（A）70　　（B）50　　（C）30　　（D）100

参考答案：B

5053　拖拉机、电瓶车、轮式专用机械车行经铁路道口、急转路、窄路、窄桥、隧道时，时速不准超过（　　）。

（A）10 km　　　　　（B）15 km

（C）30 km　　　　　（D）40 km

参考答案：B

5054　（　　）将机动车交给没有机动车驾驶证的人驾驶。

（A）可以　　　　　（B）不可以

（C）特殊情况下可以　　（D）视情况确定

参考答案：B

（二）判断题

（　　）青铜是铜与锌的合金。

参考答案：×

（　　）碳素钢含碳量越高硬度越高。

参考答案：√

（　　）合金工具钢可以用于制造切削刃具、模具、量具。

参考答案：√

（　　）灰铸铁的特点是铸铁中碳以片状石墨存在，断口为灰色。

参考答案：√

（　　）可锻铸铁的特点是铸铁中碳以片状石墨存在，断口为灰色。

参考答案：×

（　　）球墨铸铁的特点是铸铁中碳以圆球状石墨存在。

参考答案：√

（　　）可锻铸铁的特点是铸铁中石墨以团絮状存在。

参考答案：√

（　　）高碳钢的主要性能是硬度低，脆性小。

参考答案：×

（　　）中碳钢的主要性能韧性、塑性稍低，强度、硬度稍低。

参考答案：√

（　　）工程塑料性能较好，加工更方便并可替代金属材料。

参考答案：√

（　　）工程塑料在农业机械上可以用于仪表外壳、手柄、方向盘、管接头等。

参考答案：√

（　　）橡胶的弹性、绝缘性和耐磨性好，耐热性低，低温时发脆。

参考答案：√

（　　）石棉的抗热和绝缘性优良，耐酸碱、不腐烂、不燃烧。

参考答案：√

（　　）石棉不可用于密封、隔热、保温、绝缘和制动材料。

参考答案：×

（　　）拖拉机按发动机功率分为 14.7 kW 以上的为大中型拖拉机，不足 14.7 kW 的为小型拖拉机。

参考答案：√

（　　）飞轮上一般都刻有记号或钻有检查定位孔，便于检查气门间隙和供油提前角或点火时间。

参考答案：√

（　　）调整减压机构时应在减压状态下，转动曲轴应既有减压作用，又不使活塞与气门相撞。然后，锁紧减压调整螺钉。

参考答案：√

（　　）气门间隙过大将使气门开度减小，会使气门迟开早闭，开启时间缩短，造成进气不足，排气不净。

参考答案：√

（　　）为了保证定时供油和配气，配气机构凸轮轴齿轮、喷油泵传动齿轮必须与曲轴正时齿轮保持一定的相对位置关系，因此，在正时齿轮上都打有装配记号。

参考答案：√

（　　）保养空气滤清器，要及时清洗滤网（金属网式），安装时应将清洗油滴干后浸透机油，待多余机油流尽后再装配。

参考答案：√

（　　）节温器的作用是自动调节散热器的温度。

参考答案：×

（　　）在寒冷季节，柴油发动机工作完毕后，应放尽水道内的水以免冻裂机体等机件。

参考答案：√

（　　）在行驶途中可以用半分离离合器的办法来降低拖拉机行驶速度。

参考答案：×

（　　）在行驶、作业过程中可以用猛松离合器踏板的方法起步或冲越障碍。

参考答案：×

（　　）离合器不完全分离，换挡时变速箱会发出声响。

参考答案：√

（　　）在拖拉机前进变倒退时，必须在拖拉机完全停止后才能进行换挡。

参考答案：√

（　　）使用两脚离合器的目的是避免换挡时打齿。

参考答案：√

（　　）由高挡换入低挡的两脚离合器操作程序是分离离合器，变速杆推入空挡位，结合离合器，加大油门后挂挡。

参考答案：×

（　　）差速锁可使两驱动轮以同样的转速转动，以便充分利用路面好的一侧驱动轮的驱动力，使拖拉机顺利通过障碍。

参考答案：√

（　　）只有在一边驱动轮严重打滑或需要通过障碍时，才能使用差速锁。

参考答案：√

（　　）前束不正确将会出现转向不灵、轮胎早期磨损、方向摇头等现象。

参考答案：√

（　　）避免轮胎长时间在打滑情况下工作，禁止高速急转弯。

参考答案：√

（　　）可以用高花纹轮胎进行道路运输作业。

参考答案：×

（　　）方向盘的自由行程过大会加剧连接件的磨损。

参考答案：√

（　　）方向盘的自由行程过大是造成事故的隐患。

参考答案：√

（　　）拖拉机参加农田作业，出车时没有必要检查制动是否可靠。

参考答案：×

（　　）制动如有偏刹现象，不管大小应及时调整。

参考答案：√

（　　）拖拉机行驶中不用制动时，也要将脚放在制动踏板上，以免紧急情况时来不及。

参考答案：×

（　　）拖拉机从事运输作业时为转弯方便，左、右制动踏板不应连锁一体。

参考答案：×

（　　）拖拉机从事农田作业时，应将左右制动踏板分开。

参考答案：√

（　　）蓄电池的使用保养应注意保持清洁，可用短路方法检查蓄电池。

参考答案：×

（　　）蓄电池不得剧烈放电，两次启动之间的间隔时间应小于 30 s。

参考答案：×

（　　）启动电机起动时，如出现空转、打齿等现象，应放松启动电钮立即再启动。

参考答案：×

（　　）冬季启动使用预热塞时，如一次不能启动，应隔 2 min 后再进行预热或预热启动，不得连续不停地使用。

参考答案：√

（　　）悬挂犁耕地时，犁不入土或耕深不稳定的原因有：犁铲磨损严重、犁尖磨钝、犁的入土角过小（或入土角为负值）或地表土质板结过硬等。

参考答案：√

（　　）制动阀拉臂上的两个调整螺钉出厂时在试验台上已调整好，并涂有红色标记，一般不得随意拧动。

参考答案：√

( ) 制动时，拖拉机出现跑偏的原因是：两侧制动器间隙调整不一致，单边摩擦片有油污，一侧摩擦片严重磨损。

参考答案：√

( ) 活塞环两端口之间的间隙，即为活塞环的开口间隙。

参考答案：×

( ) 按截面尺寸的大小，三角带分为O、A、B、C、D、E、F七种型号。

参考答案：√

( ) 拖拉机在场上作业时，排气管必须向上安装，并应安装防火帽。

参考答案：√

( ) 拖拉机下陡坡时，要用低挡小油门，不允许踏下离合器滑行。

参考答案：√

( ) 拖拉机保持直线行驶时，差速器的行星齿轮只有公转而无自转。

参考答案：√

( ) 转向时，两前轮的偏角必须相同。

参考答案：×

( ) 拖拉机拖斗为气力传动制动，作用于踏板上的操纵力越大，则制动力也越大。

参考答案：√

( ) 车轮左右制动的一致性，只有通过路试中的制动印痕才能鉴别。

参考答案：√

( ) 互锁机构的作用是防止自动挂挡与自动脱挡。

参考答案：×

（　　）蓄电池的放电程度可用检查电解液密度的方法测量。

参考答案：√

（　　）硅整流发电机结构简单而且不必配用调节器，应用广泛。

参考答案：×

（　　）有人修车时，为了提高密封性能用了两个旧缸垫，则其压缩比也提高了。

参考答案：×

（　　）为保证排气不相互窜通，进气门打开时，排气门应可靠关闭。

参考答案：×

（　　）柴油机润滑油适用于拖拉机传动系统的润滑。

参考答案：×

（　　）气门间隙的变化会引起配气相位变化。

参考答案：√

（　　）Ⅰ号泵如柱塞套位螺钉拧入过多，可能堵住回油孔。

参考答案：√

（　　）节温器的膨胀筒破裂会造成水温过高。

参考答案：√

（　　）变速箱自锁机构的功用是锁定挡位，防止自行挂挡或脱挡。

参考答案：√

（　　）拖拉机除转向时可使用差速锁外，其他情况均不许采用。

参考答案：×

（　　）收割机在工作中出现故障时，应让机器低速运转，排除故障。

参考答案：×

（　　）拖拉机修后试车的主要目的是检查修理质量和进行全面调试。

参考答案：√

（　　）锥入度大的润滑脂，流动性差，使摩擦阻力增加。

　　　　　　　　　　　　　　　　参考答案：×

（　　）离合器间隙是指离合器踏板放松时，分离杠杆内端与分离轴
　　　　承之间的间隙。

　　　　　　　　　　　　　　　　参考答案：√

（　　）离合器接合过程中应迅速放松踏板，以免主动、从动部分打
　　　　滑时间过长而磨损。

　　　　　　　　　　　　　　　　参考答案：×

（　　）转向节立轴内倾的目的是使转向省力和减少轮胎的磨损。

　　　　　　　　　　　　　　　　参考答案：×

（　　）转向系中转向器的任务是，减速增扭并变化力矩的方向。

　　　　　　　　　　　　　　　　参考答案：√

（　　）使用动力输出轴时，应先踏下离合器切断动力，以防打齿。

　　　　　　　　　　　　　　　　参考答案：√

（　　）前轮对方向盘的反作用称为可逆性，可逆性可使驾驶员获得
　　　　"路感"，以及时纠正行驶方向。

　　　　　　　　　　　　　　　　参考答案：√

（　　）拖拉机前轮外胎表面的条状花纹是为了减少滚动阻力。

　　　　　　　　　　　　　　　　参考答案：×

（　　）变速箱互锁机构是为了锁定拨叉轴，以防自动挂挡和自动
　　　　脱挡。

　　　　　　　　　　　　　　　　参考答案：×

（　　）配制电解液时，应将浓硫酸缓慢倒入蒸馏水中，并用玻璃棒
　　　　不断搅拌。

　　　　　　　　　　　　　　　　参考答案：√

（　　）拖拉机总电路中，所有瞬时用电量大，超过电流表指示范围

的用电设备，都是并联于电流表后部的电路中。

参考答案：√

（　　）蓄电池的正极板总是比负极板多一块。

参考答案：×

（　　）电热式闪光继电器可使转向指示灯一明一暗变光，以指示转向方位。

参考答案：√

（　　）提高压缩比可改善发动机的动力性，因而发动机压缩比越大越好。

参考答案：×

（　　）为防止进气与排气相互窜通，在排气上止点进气门、排气门均应可靠关闭。

参考答案：×

（　　）495A 型发动机比 295T 型发动机多二个缸，因而 495A 发动机的飞轮比 295T 发动机的飞轮重一倍。

参考答案：×

（　　）为防止泄漏的高温高压气体使机油变质和增大发动机工作阻力，发动机的曲轴箱应可靠通风。

参考答案：√

（　　）为保证密封可靠，活塞环的开口间隙越小越好。

参考答案：×

（　　）为防止柴油凝结堵塞管路，冬季应先用高标号柴油。

参考答案：√

（　　）只有新的拖拉机才需要磨合试运转。

参考答案：×

（　　）拖拉机的动力输出轴转速与发动机转速成反比，与拖拉机挡位无关。

参考答案：×

（　）蓄电池正极板上充填的是深棕色二氧化铅，负极板上充填的是海绵状纯铅。

参考答案：√

（　）气焊的安全主要是防火、防爆，关键是电石、乙炔发生器、氧气瓶的安全。

参考答案：√

（　）为了避免进气、排气串通，进气门刚打开时，排气门必须关严。

参考答案：×

（　）机油集滤器或机油滤清器堵塞会引起机油压力过高。

参考答案：×

（　）双作用离合器，当主离合器结合时，副离合器一定结合，当主离合器分离时，副离合器一定分离。

参考答案：×

（　）中央传动调整的目的主要是保证两锥齿轮正确的啮合关系，即两锥齿轮的节锥母线重合。

参考答案：√

（　）所谓乱挡，就是挂挡时，挂不上所需的挡位，有时甚至同时挂上两个挡。

参考答案：√

（　）转向球头销磨损后，如不及时检测，则会引起方向盘自由行程变大，使方向盘路感作用减弱，而引起转向不灵。

参考答案：√

（　）播种机某一个外槽轮式排种器播量太小，可通过播量调节手柄进行调整。

参考答案：×

（　　）谷物收割机上多采用尖刀动刀片。

参考答案：×

（　　）收割机工作时，割台档板应垂直地面，否则可通过改变收割
机上悬挂壁长度来调整。

参考答案：√

（　　）离合器处于结合状态时，离合器分离轴承不工作，而当离合
器处于分离状态时，分离轴承才开始工作。

参考答案：√

（　　）变速箱的自锁机构可防止同时挂上两个以上的挡位。

参考答案：×

（　　）拖拉机的前桥与车架均为铰接，其目的是调整轮距方便。

参考答案：×

（　　）盘式制动器前进、倒退制动效果相同。

参考答案：√

（　　）蓄电池电解液高度应高于极板 10 ～ 15 mm。

参考答案：√

（　　）拖拉机总电路以电流表为中心，分为表前表后两部分。

参考答案：√

（　　）电流表是为了指示蓄电池的放电程度而设。

参考答案：×

（　　）发电机是为了给启动机供电而设。

参考答案：×

（　　）为保证进气充足，排气彻底，进气门、排气门均应早开迟闭。

参考答案：√

（　　）为了保证密封可靠，活塞环的开口间隙、边间隙不可过大，而小些则无妨。

参考答案：×

（　　）柴油机曲轴常采用压力式和飞溅式润滑，极少采用重力式润滑。

参考答案：×

（　　）冷却系中的空气蒸汽阀，可使系统中的气压高于环境压力。

参考答案：√

（　　）气温高于10℃时，可对发动机进行直接启动，气温低于10℃时，则应进行预热启动。

参考答案：√

（　　）选择柴油时，冬季用高号，夏季用低号。

参考答案：√

（　　）发动机是联合收割机上的动力装置，为联合收割机行驶和各项作业提供动力。

参考答案：√

（　　）干式的纸质滤芯可用油洗，也可用毛刷或用气从反面吹净。

参考答案：√

（　　）油浴式空气滤清器，保养时应检查油位，只要有油，不足时可不必添加。

参考答案：×

（　　）柴油滤清器的作用是滤除柴油中杂质和水分，以高度清洁的柴油供给喷油泵。

参考答案：√

（　　）保养柴油滤清器，清洗滤芯铜纱网或纸质滤芯时可用手抹擦或用棉纱头擦洗，棉线滤芯用压缩空气吹洗。

参考答案：×

（　）保养柴油滤清器之后，应正确安装滤清器，保证各处密封，不需排除低压油路中的空气。

参考答案：×

（　）节温器的作用是自动调节散热器的温度，以保持冷却系水温在要求的范围内。

参考答案：×

（　）以作物上部（穗的全部及部分茎秆）进入脱粒装置进行脱粒清选的联合收割机称为全喂入联合收割机。

参考答案：×

（　）以作物全部进入脱粒装置进行脱粒清选的联合收割机称为全喂入联合收割机。

参考答案：√

（　）为保证脱粒机性能及正常工作，发动机转速应保持在额定转速。

参考答案：√

（　）拨禾装置是把谷物拨向切割器，扶持基杆，配合割刀进行切割，并及时将割断的谷物推到脱粒装置上。

参考答案：√

（　）拨禾轮压板应作用于已割作物重心稍下处为宜。

参考答案：×

（　）拨禾轮的水平安装位置将影响压板的工作性能，拨禾轮前移，压板作用范围加大，扶起能力增强，推送能力也增强。

参考答案：×

（　）联合收割机在收割生长较稀或茎秆高大作物时，拨禾轮应适当后移，以增大压板作用范围。

参考答案：×

（　　）联合收割机作业过程中，如发现割台铺放质量不好时，拨禾轮应适当后移，以增强推动能力。

参考答案：√

（　　）当割刀处于运动的极端位置时，所有动刀片与相应定刀片（护刃器）的中心线均应重合。

参考答案：√

（　　）安装好的定刀片可不在同一平面内。

参考答案：×

（　　）割台搅龙的转速对输送谷物的输送质量和效率没有影响。

参考答案：×

（　　）割台输送搅龙的伸缩齿，在伸出最长时应与割台底保持紧密接触。

参考答案：×

（　　）联合收割机脱粒清选部是接受割台、输送槽送来的作物，进行脱粒清选的装置。

参考答案：√

（　　）脱粒精选部的传动系统的传动采用皮带传动的方式。

参考答案：×

（　　）皮带传动冲击比较大，要经常检查和调整弹簧张紧装置工作的可靠性，保证传动皮带张紧合适。

参考答案：√

（　　）按谷物在脱谷机构内的运动特点脱谷分为切流型和轴流型脱谷机构两大类。

参考答案：√

（　　）脱粒装置的滚筒转速不需要根据作物的品种、成熟程度、干湿情况作用进行相应的调整。

参考答案：×

（　　）为了避免谷物沿滚筒的轴向向一端运动，纹杆式脱谷机构的纹杆安装时滚筒上相邻两根纹杆纹路方向应相反。

参考答案：√

（　　）半、全喂入通用的轴流式脱谷机构，可以根据农艺需要，随时调至半或全喂入输入工况。

参考答案：√

（　　）操纵自走式联合收割机主离合器的原则是慢分离快接合。

参考答案：×

（　　）联合收割机电器系统实行单线制，负极搭铁，与机体构成回路。

参考答案：√

（　　）方向盘自走式联合收割机的方向机可以在停车状态下操纵转向盘。

参考答案：×

（　　）联合收割机液压油箱应确保液压油型号、清洁度和液面高度符合规定要求。

参考答案：√

（　　）液压系统由转向和操纵两个子系统组成，其中操纵系统用于控制转向轮的转向。

参考答案：×

（　　）方向盘自走式联合收割机的主离合器操纵手柄用来控制粮箱的卸粮和停用。

参考答案：×

（　　）清粮机构的功用是把脱粒后混杂在谷粒中的轻杂物清除出去，以便获得纯净的谷粒。

参考答案：√

（　）联合收割机的粮箱下方安装有卸粮螺旋推运器，卸粮推运器由水平搅龙和可折拢的倾斜搅龙两部分组成。

参考答案：√

（　）喷油泵供给的油量不可调节。

参考答案：×

（　）全喂入轴流式脱谷机滚筒盖板和凹板筛的一端开有喂入口，与拨禾轮相衔接，另一端开有排粮口。

参考答案：×

（　）全喂入轴流式脱谷机的结构特点是所脱下来的谷粒断碎和破壳都比较多。

参考答案：×

（　）半、全喂入通用的轴流式脱谷机构在喂入夹持输送链上附加了一套半、全喂入调节机构。通过调节手柄达到采用半喂入或全喂入工况的目的。

参考答案：√

（　）半喂入收割机倒吊喂入侧向脱粒的好处是，有自行理直穗头的作用，脱粒后谷粒和禾秆容易分离，夹带损失少。

参考答案：√

（　）对半喂入收割机的脱谷机构来说，进入脱谷机构的禾穗部分过长、过短都是不好的，所以必须设置禾秆脱粒深度调节机构。

参考答案：√

（　）进入半喂入收割机脱谷机构的禾穗部分过长，禾秆在脱谷机构内弯曲过大，会增加脱粒强度，清洁率也高，消耗功率增大，整秆率好。

参考答案：×

（　　）对半喂入收割机的脱谷机构来说，进入脱谷机构的禾穗部分过短，则部分谷穗未被滚筒打到，会增大脱不净损失。

参考答案：√

（　　）联合收割机上，谷粒的收集方式有两种，一种是设置麻袋收粮，另一种是采用卸粮台接粮。

参考答案：×

（　　）联合收割机的集草装置的主要功用是，将逐稿器排出的长茎秆收集一起，当达到一定重量或容积时，卸于农田。

参考答案：√

（　　）茎秆切碎装置的主要作用是把逐稿器排出的长茎秆切碎，通过茎秆分布器集中撒到田间，做到秸秆还田。

参考答案：×

（　　）保养柴油滤清器之后，不需排除低压油路中的空气。

参考答案：×

（　　）输油泵的作用是产生一定的输油压力，以保证有足够数量和压力稳定的柴油输送到喷油泵内。

参考答案：√

（　　）差速器能在拖拉机转向时使两驱动轮以不同速度旋转，以利于转向。

参考答案：√

（　　）差速锁的功用是当一个驱动轮在地面打滑时，使另一个驱动轮的驱动力矩也失效，使拖拉机前进。

参考答案：×

（　　）轮胎的气压不是固定的，需随季节、温度、路面等情况作适当选择。

参考答案：√

（　　）启动电机启动时，如出现空转、打齿等现象，应放松启动按钮过一会再启动。

参考答案：√

（　　）卧式割台将谷物切割后直立在割台上进行输送。

参考答案：×

（　　）拨禾轮在工作中如速度超过 3 m/s 后，压板击落谷粒的损失将减少。

参考答案：×

（　　）在收割成熟度较高、籽粒容易脱落的作物时，拨禾轮应以倾斜插入的方式为主进行调整。

参考答案：×

（　　）拨禾轮压板作用位置过低，则易使作物向前翻倒或被抛扔到割台前方，造成损失。

参考答案：√

（　　）联合收割机在收割倒伏作物时，如顺向收割，拨禾轮应适当后移。

参考答案：×

（　　）联合收割机在收割倒伏程度不大的作物时，如逆向收割，则拨禾轮应适当后移，以防止压板将作物推倒收割台上。

参考答案：√

（　　）往复式切割器的护刃器保护动刀片但不保护定刀片。

参考答案：×

（　　）割台切割下来的作物仅穗头部进入脱粒滚筒脱粒的联合收割机是半喂入式联合收割机。

参考答案：√

（　　）由于脱粒清选部的工作元件多、距离较远、工作负荷大，所以采用齿轮传动。

参考答案：×

（   ）全喂入轴流式脱谷机滚筒盖板是圆弧形的，内侧装有螺旋导板，它与凹板筛组成一个圆筒形，把旋转的滚筒包围起来，形成一个封闭的脱谷室。

参考答案：√

（   ）清粮机构的功用，是把脱粒后混杂在谷粒中的轻杂物清除出去，以便获得纯净的茎秆。

参考答案：×

（   ）轴流式脱粒机的气流清粮装置主要由离心抛扬器、第一分离器、第二分离器、排杂筒、风扇和风管等组成。

参考答案：√

（   ）保护性耕作技术是对农田实行免耕、少耕，并用作物秸秆、残茬覆盖地表的一项先进农业耕作技术。

参考答案：√

（   ）保护性耕作技术取消铧式犁耕翻。

参考答案：√

（   ）实施保护性耕作技术后需要每年进行机械深松。

参考答案：×

（   ）保护性耕作技术主要用化学药品防治病虫草害的发生。

参考答案：√

（   ）保护性耕作的免耕播种技术包括玉米免耕直播和小麦免耕播种两种，要求播种均匀，播量符合农艺要求。

参考答案：√

（   ）小麦免耕播种技术需要使用专门的免耕播种机进行播种作业。

参考答案：√

（　　）实施保护性耕作技术可以改良土壤结构，提高土壤蓄水保墒能力，每年少浇水 1 ～ 2 次。

参考答案：√

（　　）机械深施化肥是将化肥集中深施于种子下 50 ～ 100 mm，避免了化肥的挥发浪费，可以节约化肥。

参考答案：√

（　　）保护性耕作与传统耕作方式相比减少了机械进地次数和机具投放量，降低了作业成本。

参考答案：√

（　　）保护性耕作采用免耕播种、秸秆覆盖和根茬固土，土壤不再翻耕裸露，减少了风尘的扬起，保护了生态环境。

参考答案：√

（　　）保护性耕作要求选择优良品种，并对种子进行精选处理。玉米选择紧凑密植型品种，小麦选择分蘖强的多穗型品种。

参考答案：√

（　　）实施玉米免耕直播技术可以在小麦联合收获后的田间，直接利用玉米免耕播种机进行玉米播种作业。

参考答案：√

（　　）保护性耕作在作物播前不必对所用种子进行药剂拌种或浸种处理。

参考答案：×

（　　）拖拉机主要部件质量保证期：大、中型拖拉机 2 年，小型拖拉机 1.5 年。

参考答案：√

（　　）赠送的农机产品，可以免除生产者、销售者和修理者依法应当承担的"三包"责任。

参考答案：×

（　　）国家禁止农机产品生产者、销售者、修理者农忙时期开展现场的有关售后服务活动。

参考答案：×

（　　）修理者应当积极开展上门修理和电话咨询服务，妥善处理农机用户关于修理的查询和修理质量的投诉。

参考答案：√

（　　）销售者应当妥善处理农机产品质量问题的咨询、查询和投诉。

参考答案：√

（　　）销售者承担"三包"责任，换货或退货后，属于生产者的责任的，可以依法向生产者追偿。

参考答案：√

（　　）销售者未按照规定履行"三包"义务的，由工商行政管理部门依法予以处理。

参考答案：√

（　　）维修者未按照规定履行"三包"义务的，由农业机械化主管部门依法予以处理。

参考答案：√

（　　）丢失"三包"凭证和发货票，但能证明其所购产品在"三包"有效期内的，也不能享有"三包"权利。

参考答案：×

（　　）"三包"有效期内，产品出现故障，由"三包"凭证上指定的修理者免费修理（不包括材料费和工时费）。

参考答案：×

（　　）产品使用说明书中明确的正常维护、保养、调整、检修等，不属"三包"修理的范围。

参考答案：√

（　　）对于转手购买且仍在"三包"有效期内的产品，农民凭该产品的原发货票及"三包"凭证继续享有"三包"权利。

参考答案：√

（　　）因修理造成产品损坏的，修理者负责为农民赔偿产品本身的损失，费用由修理者承担。

参考答案：√

（　　）对应当进行"三包"的大件产品，销售者应当负责运输或者提供合理的运输费用，然后依法向生产者追偿。

参考答案：√

（　　）主要部件"三包"有效期内发生故障，更换后的主要部件的"三包"有效期，自更换之日起重新计算。

参考答案：√

（　　）"三包"有效期自开具发货票之日起计算，扣除因承担"三包"业务的修理者修理占用和无维修配件待修的时间

参考答案：√

（　　）销售者向农民承担"三包"责任后，属于生产者责任的，依法向生产者追偿。

参考答案：√

（　　）农业机械化主管部门不得为农业机械指定维修经营者。

参考答案：√

（　　）农业机械安全监督检查、事故勘察车辆应当在车身喷涂统一标识。

参考答案：√

（　　）农业机械安全监督管理执法人员进行安全监督检查时，应当

佩戴统一标志，出示行政执法证件。

参考答案：√

（　　）发生农业机械事故后企图逃逸的、拒不停止存在重大事故隐
患农业机械的作业或者转移的，县级以上地方人民政府农业
机械化主管部门可以扣押有关农业机械及证书、牌照、操作
证件。

参考答案：√

（　　）回收的农业机械由县级人民政府农业机械化主管部门监督回
收单位进行解体或者销毁。

参考答案：√

（　　）农业机械在道路上发生的交通事故，由公安机关交通管理部
门依照道路交通安全法律、法规处理。

参考答案：√

（　　）拖拉机在道路以外通行时发生的事故，公安机关交通管理部
门接到报案的，参照道路交通安全法律、法规处理。

参考答案：√

（　　）农业机械事故造成公路及其附属设施损坏的，由交通主管部
门依照公路法律、法规处理。

参考答案：√

（　　）拖拉机、联合收割机使用期间登记事项发生变更的，其所
有人应当按照国务院农业机械化主管部门的规定申请变更
登记。

参考答案：√

附录

农业机械安全监督管理条例

2009 年 9 月 17 日中华人民共和国国务院令第 563 号公布；根据 2016 年 2 月 6 日《国务院关于修改部分行政法规的决定》（国务院令第 666 号）第一次修订；根据 2019 年 3 月 2 日《国务院关于修改部分行政法规的决定》（国务院令第 709 号）第二次修订。

第一章 总 则

第一条 为了加强农业机械安全监督管理，预防和减少农业机械事故，保障人民生命和财产安全，制定本条例。

第二条 在中华人民共和国境内从事农业机械的生产、销售、维修、使用操作以及安全监督管理等活动，应当遵守本条例。

本条例所称农业机械，是指用于农业生产及其产品初加工等相关农事活动的机械、设备。

第三条 农业机械安全监督管理应当遵循以人为本、预防事故、保障安全、促进发展的原则。

第四条 县级以上人民政府应当加强对农业机械安全监督管理工作的领导，完善农业机械安全监督管理体系，增加对农民购买农业机械的补贴，保障农业机械安全的财政投入，建立健全农业机械安全生产责任制。

第五条 国务院有关部门和地方各级人民政府、有关部门应当加强农业机械安全法律、法规、标准和知识的宣传教育。

农业生产经营组织、农业机械所有人应当对农业机械操作人员及相关人员进行农业机械安全使用教育，提高其安全意识。

第六条 国家鼓励和支持开发、生产、推广、应用先进适用、安全可靠、节能环保的农业机械，建立健全农业机械安全技术标准和安全操作规程。

第七条 国家鼓励农业机械操作人员、维修技术人员参加职业技能培训和依法成立安全互助组织，提高农业机械安全操作水平。

第八条 国家建立落后农业机械淘汰制度和危及人身财产安全的农业机械报废制度，并对淘汰和报废的农业机械依法实行回收。

第九条 国务院农业机械化主管部门、工业主管部门、市场监督管理部门等有关部门依照本条例和国务院规定的职责，负责农业机械安全监督管理工作。

县级以上地方人民政府农业机械化主管部门、工业主管部门和市场监督管理部门等有关部门按照各自职责，负责本行政区域的农业机械安全监督管理工作。

第二章　生产、销售和维修

第十条 国务院工业主管部门负责制定并组织实施农业机械工业产业政策和有关规划。

国务院标准化主管部门负责制定发布农业机械安全技术国家标准，并根据实际情况及时修订。农业机械安全技术标准是强制

执行的标准。

第十一条 农业机械生产者应当依据农业机械工业产业政策和有关规划，按照农业机械安全技术标准组织生产，并建立健全质量保障控制体系。

对依法实行工业产品生产许可证管理的农业机械，其生产者应当取得相应资质，并按照许可的范围和条件组织生产。

第十二条 农业机械生产者应当按照农业机械安全技术标准对生产的农业机械进行检验；农业机械经检验合格并附具详尽的安全操作说明书和标注安全警示标志后，方可出厂销售；依法必须进行认证的农业机械，在出厂前应当标注认证标志。

上道路行驶的拖拉机，依法必须经过认证的，在出厂前应当标注认证标志，并符合机动车国家安全技术标准。

农业机械生产者应当建立产品出厂记录制度，如实记录农业机械的名称、规格、数量、生产日期、生产批号、检验合格证号、购货者名称及联系方式、销售日期等内容。出厂记录保存期限不得少于 3 年。

第十三条 进口的农业机械应当符合我国农业机械安全技术标准，并依法由出入境检验检疫机构检验合格。依法必须进行认证的农业机械，还应当由出入境检验检疫机构进行入境验证。

第十四条 农业机械销售者对购进的农业机械应当查验产品合格证明。对依法实行工业产品生产许可证管理、依法必须进行认证的农业机械，还应当验明相应的证明文件或者标志。

农业机械销售者应当建立销售记录制度，如实记录农业机械的名称、规格、生产批号、供货者名称及联系方式、销售流向等内容。销售记录保存期限不得少于 3 年。

农业机械销售者应当向购买者说明农业机械操作方法和安全注

意事项，并依法开具销售发票。

第十五条　农业机械生产者、销售者应当建立健全农业机械销售服务体系，依法承担产品质量责任。

第十六条　农业机械生产者、销售者发现其生产、销售的农业机械存在设计、制造等缺陷，可能对人身财产安全造成损害的，应当立即停止生产、销售，及时报告当地市场监督管理部门，通知农业机械使用者停止使用。农业机械生产者应当及时召回存在设计、制造等缺陷的农业机械。

农业机械生产者、销售者不履行本条第一款义务的，市场监督管理部门可以责令生产者召回农业机械，责令销售者停止销售农业机械。

第十七条　禁止生产、销售下列农业机械：

（一）不符合农业机械安全技术标准的；

（二）依法实行工业产品生产许可证管理而未取得许可证的；

（三）依法必须进行认证而未经认证的；

（四）利用残次零配件或者报废农业机械的发动机、方向机、变速器、车架等部件拼装的；

（五）国家明令淘汰的。

第十八条　从事农业机械维修经营，应当有必要的维修场地，有必要的维修设施、设备和检测仪器，有相应的维修技术人员，有安全防护和环境保护措施。

第十九条　农业机械维修经营者应当遵守国家有关维修质量安全技术规范和维修质量保证期的规定，确保维修质量。

从事农业机械维修不得有下列行为：

（一）使用不符合农业机械安全技术标准的零配件；

（二）拼装、改装农业机械整机；

（三）承揽维修已经达到报废条件的农业机械；

（四）法律、法规和国务院农业机械化主管部门规定的其他禁止性行为。

第三章　使用操作

第二十条　农业机械操作人员可以参加农业机械操作人员的技能培训，可以向有关农业机械化主管部门、人力资源和社会保障部门申请职业技能鉴定，获取相应等级的国家职业资格证书。

第二十一条　拖拉机、联合收割机投入使用前，其所有人应当按照国务院农业机械化主管部门的规定，持本人身份证明和机具来源证明，向所在地县级人民政府农业机械化主管部门申请登记。拖拉机、联合收割机经安全检验合格的，农业机械化主管部门应当在 2 个工作日内予以登记并核发相应的证书和牌照。

拖拉机、联合收割机使用期间登记事项发生变更的，其所有人应当按照国务院农业机械化主管部门的规定申请变更登记。

第二十二条　拖拉机、联合收割机操作人员经过培训后，应当按照国务院农业机械化主管部门的规定，参加县级人民政府农业机械化主管部门组织的考试。考试合格的，农业机械化主管部门应当在 2 个工作日内核发相应的操作证件。

拖拉机、联合收割机操作证件有效期为 6 年；有效期满，拖拉机、联合收割机操作人员可以向原发证机关申请续展。未满 18 周岁不得操作拖拉机、联合收割机。操作人员年满 70 周岁的，县级人民政府农业机械化主管部门应当注销其操作证件。

第二十三条　拖拉机、联合收割机应当悬挂牌照。拖拉机上道路行驶，联合收割机因转场作业、维修、安全检验等需要转移的，其操作人员应当携带操作证件。

拖拉机、联合收割机操作人员不得有下列行为：

（一）操作与本人操作证件规定不相符的拖拉机、联合收割机；

（二）操作未按照规定登记、检验或者检验不合格、安全设施不全、机件失效的拖拉机、联合收割机；

（三）使用国家管制的精神药品、麻醉品后操作拖拉机、联合收割机；

（四）患有妨碍安全操作的疾病操作拖拉机、联合收割机；

（五）国务院农业机械化主管部门规定的其他禁止行为。

禁止使用拖拉机、联合收割机违反规定载人。

第二十四条　农业机械操作人员作业前，应当对农业机械进行安全查验；作业时，应当遵守国务院农业机械化主管部门和省、自治区、直辖市人民政府农业机械化主管部门制定的安全操作规程。

第四章　事故处理

第二十五条　县级以上地方人民政府农业机械化主管部门负责农业机械事故责任的认定和调解处理。

本条例所称农业机械事故，是指农业机械在作业或者转移等过程中造成人身伤亡、财产损失的事件。

农业机械在道路上发生的交通事故，由公安机关交通管理部门依照道路交通安全法律、法规处理；拖拉机在道路以外通行时发生的事故，公安机关交通管理部门接到报案的，参照道路交通安全法律、法规处理。农业机械事故造成公路及其附属设施损坏的，由交通主管部门依照公路法律、法规处理。

第二十六条　在道路以外发生的农业机械事故，操作人员和现

场其他人员应当立即停止作业或者停止农业机械的转移，保护现场，造成人员伤害的，应当向事故发生地农业机械化主管部门报告；造成人员死亡的，还应当向事故发生地公安机关报告。造成人身伤害的，应当立即采取措施，抢救受伤人员。因抢救受伤人员变动现场的，应当标明位置。

接到报告的农业机械化主管部门和公安机关应当立即派人赶赴现场进行勘验、检查，收集证据，组织抢救受伤人员，尽快恢复正常的生产秩序。

第二十七条 对经过现场勘验、检查的农业机械事故，农业机械化主管部门应当在 10 个工作日内制作完成农业机械事故认定书；需要进行农业机械鉴定的，应当自收到农业机械鉴定机构出具的鉴定结论之日起 5 个工作日内制作农业机械事故认定书。

农业机械事故认定书应当载明农业机械事故的基本事实、成因和当事人的责任，并在制作完成农业机械事故认定书之日起 3 个工作日内送达当事人。

第二十八条 当事人对农业机械事故损害赔偿有争议，请求调解的，应当自收到事故认定书之日起 10 个工作日内向农业机械化主管部门书面提出调解申请。

调解达成协议的，农业机械化主管部门应当制作调解书送交各方当事人。调解书经各方当事人共同签字后生效。调解不能达成协议或者当事人向人民法院提起诉讼的，农业机械化主管部门应当终止调解并书面通知当事人。调解达成协议后当事人反悔的，可以向人民法院提起诉讼。

第二十九条 农业机械化主管部门应当为当事人处理农业机械事故损害赔偿等后续事宜提供帮助和便利。因农业机械产品质量原因导致事故的，农业机械化主管部门应当依法出具有关证明材料。

农业机械化主管部门应当定期将农业机械事故统计情况及说明材料报送上级农业机械化主管部门并抄送同级安全生产监督管理部门。

农业机械事故构成生产安全事故的，应当依照相关法律、行政法规的规定调查处理并追究责任。

第五章　服务与监督

第三十条　县级以上地方人民政府农业机械化主管部门应当定期对危及人身财产安全的农业机械进行免费实地安全检验。但是道路交通安全法律对拖拉机的安全检验另有规定的，从其规定。

拖拉机、联合收割机的安全检验为每年 1 次。

实施安全技术检验的机构应当对检验结果承担法律责任。

第三十一条　农业机械化主管部门在安全检验中发现农业机械存在事故隐患的，应当告知其所有人停止使用并及时排除隐患。

实施安全检验的农业机械化主管部门应当对安全检验情况进行汇总，建立农业机械安全监督管理档案。

第三十二条　联合收割机跨行政区域作业前，当地县级人民政府农业机械化主管部门应当会同有关部门，对跨行政区域作业的联合收割机进行必要的安全检查，并对操作人员进行安全教育。

第三十三条　国务院农业机械化主管部门应当定期对农业机械安全使用状况进行分析评估，发布相关信息。

第三十四条　国务院工业主管部门应当定期对农业机械生产行业运行态势进行监测和分析，并按照先进适用、安全可靠、节能环保的要求，会同国务院农业机械化主管部门、市场监督管理部门等有关部门制定、公布国家明令淘汰的农业机械产品目录。

第三十五条 危及人身财产安全的农业机械达到报废条件的，应当停止使用，予以报废。农业机械的报废条件由国务院农业机械化主管部门会同国务院市场监督管理部门、工业主管部门规定。

县级人民政府农业机械化主管部门对达到报废条件的危及人身财产安全的农业机械，应当书面告知其所有人。

第三十六条 国家对达到报废条件或者正在使用的国家已经明令淘汰的农业机械实行回收。农业机械回收办法由国务院农业机械化主管部门会同国务院财政部门、商务主管部门制定。

第三十七条 回收的农业机械由县级人民政府农业机械化主管部门监督回收单位进行解体或者销毁。

第三十八条 使用操作过程中发现农业机械存在产品质量、维修质量问题的，当事人可以向县级以上地方人民政府农业机械化主管部门或者市场监督管理部门投诉。接到投诉的部门对属于职责范围内的事项，应当依法及时处理；对不属于职责范围内的事项，应当及时移交有权处理的部门，有权处理的部门应当立即处理，不得推诿。

县级以上地方人民政府农业机械化主管部门和市场监督管理部门应当定期汇总农业机械产品质量、维修质量投诉情况并逐级上报。

第三十九条 国务院农业机械化主管部门和省、自治区、直辖市人民政府农业机械化主管部门应当根据投诉情况和农业安全生产需要，组织开展在用的特定种类农业机械的安全鉴定和重点检查，并公布结果。

第四十条 农业机械安全监督管理执法人员在农田、场院等场所进行农业机械安全监督检查时，可以采取下列措施：

（一）向有关单位和个人了解情况，查阅、复制有关资料；

（二）查验拖拉机、联合收割机证书、牌照及有关操作证件；

（三）检查危及人身财产安全的农业机械的安全状况，对存在重大事故隐患的农业机械，责令当事人立即停止作业或者停止农业机械的转移，并进行维修；

（四）责令农业机械操作人员改正违规操作行为。

第四十一条　发生农业机械事故后企图逃逸的、拒不停止存在重大事故隐患农业机械的作业或者转移的，县级以上地方人民政府农业机械化主管部门可以扣押有关农业机械及证书、牌照、操作证件。案件处理完毕或者农业机械事故肇事方提供担保的，县级以上地方人民政府农业机械化主管部门应当及时退还被扣押的农业机械及证书、牌照、操作证件。存在重大事故隐患的农业机械，其所有人或者使用人排除隐患前不得继续使用。

第四十二条　农业机械安全监督管理执法人员进行安全监督检查时，应当佩戴统一标志，出示行政执法证件。农业机械安全监督检查、事故勘察车辆应当在车身喷涂统一标识。

第四十三条　农业机械化主管部门不得为农业机械指定维修经营者。

第四十四条　农业机械化主管部门应当定期向同级公安机关交通管理部门通报拖拉机登记、检验以及有关证书、牌照、操作证件发放情况。公安机关交通管理部门应当定期向同级农业机械化主管部门通报农业机械在道路上发生的交通事故及处理情况。

第六章　法律责任

第四十五条　县级以上地方人民政府农业机械化主管部门、工业主管部门、市场监督管理部门及其工作人员有下列行为之一的，

对直接负责的主管人员和其他直接责任人员，依法给予处分，构成犯罪的，依法追究刑事责任：

（一）不依法对拖拉机、联合收割机实施安全检验、登记，或者不依法核发拖拉机、联合收割机证书、牌照的；

（二）对未经考试合格者核发拖拉机、联合收割机操作证件，或者对经考试合格者拒不核发拖拉机、联合收割机操作证件的；

（三）不依法处理农业机械事故，或者不依法出具农业机械事故认定书和其他证明材料的；

（四）在农业机械生产、销售等过程中不依法履行监督管理职责的；

（五）其他未依照本条例的规定履行职责的行为。

第四十六条 生产、销售利用残次零配件或者报废农业机械的发动机、方向机、变速器、车架等部件拼装的农业机械的，由县级以上人民政府市场监督管理部门责令停止生产、销售，没收违法所得和违法生产、销售的农业机械，并处违法产品货值金额 1 倍以上 3 倍以下罚款；情节严重的，吊销营业执照。

农业机械生产者、销售者违反工业产品生产许可证管理、认证认可管理、安全技术标准管理以及产品质量管理的，依照有关法律、行政法规处罚。

第四十七条 农业机械销售者未依照本条例的规定建立、保存销售记录的，由县级以上人民政府市场监督管理部门责令改正，给予警告；拒不改正的，处 1000 元以上 1 万元以下罚款，并责令停业整顿；情节严重的，吊销营业执照。

第四十八条 从事农业机械维修经营不符合本条例第十八条规定的，由县级以上地方人民政府农业机械化主管部门责令改正；拒不改正的，处 5000 元以上 1 万元以下罚款。

第四十九条 农业机械维修经营者使用不符合农业机械安全技术标准的配件维修农业机械，或者拼装、改装农业机械整机，或者承揽维修已经达到报废条件的农业机械的，由县级以上地方人民政府农业机械化主管部门责令改正，没收违法所得，并处违法经营额1倍以上2倍以下罚款；拒不改正的，处违法经营额2倍以上5倍以下罚款。

第五十条 未按照规定办理登记手续并取得相应的证书和牌照，擅自将拖拉机、联合收割机投入使用，或者未按照规定办理变更登记手续的，由县级以上地方人民政府农业机械化主管部门责令限期补办相关手续；逾期不补办的，责令停止使用；拒不停止使用的，扣押拖拉机、联合收割机，并处200元以上2000元以下罚款。

当事人补办相关手续的，应当及时退还扣押的拖拉机、联合收割机。

第五十一条 伪造、变造或者使用伪造、变造的拖拉机、联合收割机证书和牌照的，或者使用其他拖拉机、联合收割机的证书和牌照的，由县级以上地方人民政府农业机械化主管部门收缴伪造、变造或者使用的证书和牌照，对违法行为人予以批评教育，并处200元以上2000元以下罚款。

第五十二条 未取得拖拉机、联合收割机操作证件而操作拖拉机、联合收割机的，由县级以上地方人民政府农业机械化主管部门责令改正，处100元以上500元以下罚款。

第五十三条 拖拉机、联合收割机操作人员操作与本人操作证件规定不相符的拖拉机、联合收割机，或者操作未按照规定登记、检验或者检验不合格、安全设施不全、机件失效的拖拉机、联合收割机，或者使用国家管制的精神药品、麻醉品后操作拖拉机、联合收割机，或者患有妨碍安全操作的疾病操作拖拉机、联合收割机

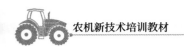

的，由县级以上地方人民政府农业机械化主管部门对违法行为人予以批评教育，责令改正；拒不改正的，处 100 元以上 500 元以下罚款；情节严重的，吊销有关人员的操作证件。

第五十四条 使用拖拉机、联合收割机违反规定载人的，由县级以上地方人民政府农业机械化主管部门对违法行为人予以批评教育，责令改正；拒不改正的，扣押拖拉机、联合收割机的证书、牌照；情节严重的，吊销有关人员的操作证件。非法从事经营性道路旅客运输的，由交通主管部门依照道路运输管理法律、行政法规处罚。

当事人改正违法行为的，应当及时退还扣押的拖拉机、联合收割机的证书、牌照。

第五十五条 经检验、检查发现农业机械存在事故隐患，经农业机械化主管部门告知拒不排除并继续使用的，由县级以上地方人民政府农业机械化主管部门对违法行为人予以批评教育，责令改正；拒不改正的，责令停止使用；拒不停止使用的，扣押存在事故隐患的农业机械。

事故隐患排除后，应当及时退还扣押的农业机械。

第五十六条 违反本条例规定，造成他人人身伤亡或者财产损失的，依法承担民事责任；构成违反治安管理行为的，依法给予治安管理处罚；构成犯罪的，依法追究刑事责任。

第七章　附　　则

第五十七条 本条例所称危及人身财产安全的农业机械，是指对人身财产安全可能造成损害的农业机械，包括拖拉机、联合收割机、机动植保机械、机动脱粒机、饲料粉碎机、插秧机、铡草机等。

　　第五十八条　本条例规定的农业机械证书、牌照、操作证件，由国务院农业机械化主管部门会同国务院有关部门统一规定式样，由国务院农业机械化主管部门监制。

　　第五十九条　拖拉机操作证件考试收费、安全技术检验收费和牌证的工本费，应当严格执行国务院价格主管部门核定的收费标准。

　　第六十条　本条例自 2009 年 11 月 1 日起施行。

主要参考文献

李问盈，李洪文，陈实，2009. 保护性耕作技术 [M]. 哈尔滨：黑龙江
　科学技术出版社 .

刘开昌，马根众，张宾，2021. 黄淮海平原冬小麦夏玉米机械化生产
　[M]. 北京：中国农业出版社 .

吕思光，马根众，何明，2006. 联合收获保护性耕作机械化实用技术培
　训教材 [M]. 北京：人民武警出版社 .

吕思光，祝培礼，2008. 新编拖拉机驾驶员培训教材 [M]. 济南：济南
　出版社 .

杨文钰，等 . 2022. 大豆 – 玉米带状复合种植技术 [M]. 北京：科学出
　版社 .